H. Parinaud

LA VISION

Étude physiologique

OCTAVE DOIN. Éditeur. 1898.

LA VISION

DU MÊME AUTEUR

LE STRABISME ET SON TRAITEMENT

(*Sous presse.*)

ÉCHELLE OPTOMÉTRIQUE

(*2ᵉ édition.*)

ÉVREUX, IMPRIMERIE DE CHARLES HÉRISSEY

LA VISION

ÉTUDE PHYSIOLOGIQUE

PAR

LE DR H. PARINAUD

———

Avec figures dans le texte

———

PARIS

OCTAVE DOIN, ÉDITEUR

8, PLACE DE L'ODÉON, 8

—

1898

TABLE ANALYTIQUE

PREMIÈRE PARTIE

LA SENSIBILITÉ VISUELLE

CHAPITRE PREMIER
FONCTIONS DE LA RÉTINE

mais la prétendue cécité de là fovea pour le bleu, invoquée par l'auteur, n'existe pas. — Schultz, se basant sur l'anatomie comparée, a émis le premier l'opinion que les bâtonnets seraient affectés à la perception lumineuse, les cônes à la perception des couleurs, mais cette opinion, émise en 1866, n'avait aucun crédit dans la science avant mes expériences. — Boll découvre le pourpre rétinien en 1876. Peu après, Kuhne fait une étude admirable des propriétés physiques du pourpre, sans insister sur son rôle physiologique qu'il croit peu important. — J'ai défini les caractères de l'adaptation rétinienne, montré qu'elle intéresse inégalement les rayons de réfrangibilité différente, qu'elle ne porte que sur la valeur lumineuse des couleurs, qu'elle fait défaut dans la fovea ; j'ai donné ainsi l'explication physiologique de plusieurs faits, en particulier du phénomène de Purkinje et de l'insensibilité relative de la fovea. M'appuyant sur ces expériences et sur les faits cliniques, j'ai établi expérimentalement le rôle physiologique des cônes, des bâtonnets et du pourpre rétinien.   66

CHAPITRE II

LE ROLE DE LA RÉTINE ET LE ROLE DU CERVEAU DANS LA VISION

I. La sensibilité pour la lumière, les couleurs et les formes

La partie périphérique et la partie centrale de l'appareils ensoriel de la vision ont des rapports aussi intimes que les deux pôles d'une pile. Le rôle du cerveau n'échappe pas à l'étude expérimentale. — Tendance de l'école anatomiste à localiser la cause de la spécificité de nos sensations à la périphérie des appareils. — La rétine a pour première fonction la transformation de l'énergie physique en énergie nerveuse ; son rôle n'est pas limité à cette transformation. Les bâtonnets et les cônes réagissent par deux sensations différentes. Il y a deux modes de sensibilité à la lumière. L'adaptation est une fonction périphérique. Les cônes ont les trois attributs de la sensation visuelle, lumière, couleur, forme. — La perception des formes. Propriétés isolatrices des cônes et des bâtonnets. Rapport entre le volume des cônes et l'acuité visuelle dans la fovea. L'acuité visuelle est surtout une fonction périphérique. — Le siège et la nature de la fonction chromatique. Raisons qui plaident en faveur d'un siège cérébral. — Les théories de Young-Helmholtz et de Hering manquent de base physiologique. — Les sensations visuelles ne sont pas foncièrement distinctes de celles des autres sens, dans leur étude il ne faut pas perdre de vue les notions de physiologie générale. Rôle des complémentaires. — Comment on peut concevoir la spécificité et la multiplicité de nos sensations de couleur. Dans l'évolution phylogénique des sens, la réaction spécifique de l'élément nerveux précède la différenciation anatomique et elle reste le facteur principal de la spécificité de nos sensations. Il est probable que le nombre indéfini de nos sensations de couleur est en rapport avec des modalités différentes de l'énergie nerveuse répondant aux modalités

DEUXIÈME PARTIE
RELATIONS FONCTIONNELLES DES DEUX YEUX

CHAPITRE PREMIER
CONSIDÉRATIONS ANATOMIQUES

CHAPITRE II
LA VISION BINOCULAIRE

Les points rétiniens identiques de J. Muller constituent une propriété fondamentale dont la notion a été faussée par des conceptions
psychologiques (identité subjective) ou géométriques (horoptère).
Identité physiologique. — Mode de projection des images spécial à
l'appareil de vision binoculaire. Nécessité de distinguer le processus d'impression et le processus de projection, et, dans l'un et l'autre,
le trajet oculaire et le trajet cérébral. Le cerveau peut dissocier la
ligne d'impression et la ligne de projection ; fausse projection.
Dans le trajet oculaire, tout se passe suivant les lois de la réfraction.
L'axe d'impression, l'axe de projection. — Nous localisons les images
binoculaires au point de rencontre des axes de projection, principaux et secondaires. La loi paraît en défaut pour les axes secondaires et la vision indirecte ; diplopie physiologique. La dérogation n'est
qu'apparente. Localisation différente des images binoculaires suivant qu'elles résultent de la fusion d'images rétiniennes identiques
ou non identiques ; cette localisation différente est une conséquence
de la loi générale. Démonstration fournie par le stéréoscope. Nouvelle
théorie de la vision stéréoscopique ; il faut considérer non le processus d'impression, mais le processus de projection. Projection fausse
des images qui servent à la vision stéréoscopique. La loi de Giraud-
Teulon se trouve confirmée. — La vision binoculaire stéréoscopique
et la vision binoculaire normale. Conditions dans lesquelles nous
neutralisons la diplopie physiologique. — Les connexions nerveuses
qui forment la partie sensorielle de l'appareil de vision binoculaire
sont développées autour de chaque fovea comme centre ; les points
identiques n'ont pas la même étendue et n'offrent pas les mêmes

CHAPITRE III

LA VISION SIMULTANÉE

L'appareil de vision binoculaire est développé sur un appareil plus
fondamental de vision avec les deux yeux qui est l'appareil de vision
simultanée. Le strabisme, caractérisé par un vice de développement
de l'appareil de vision binoculaire, respectant celui de vision

CHAPITRE IV

LA VISION ALTERNANTE

CHAPITRE V

LE ROLE PHYSIOLOGIQUE DES TROIS MODES DE VISION

LA VISION

INTRODUCTION

L'étude de la vision a été commencée par les philosophes et les psychologues. Elle a été continuée, depuis Kepler et Thomas Young, par les physiciens et les mathématiciens. Les physiologistes proprement dits, les biologistes sont peut-être ceux qui s'en sont le moins occupés, vraisemblablement parce qu'ils ont cru qu'une étude que l'on a faite si compliquée n'était pas de leur compétence. Il en est résulté des conceptions plus ou moins abstraites qui pouvaient satisfaire les esprits à une autre époque, mais qui n'en sont pas moins artificielles, sans signification pour le physiologiste.

Certes, ce n'est pas que tout soit erreur dans cette étude ; les faits scrupuleusement analysés abondent, les descriptions exactes sont nombreuses, mais il ne s'en dégage aucune idée générale sur le fonctionnement de l'appareil visuel, et nulle part on ne se rend mieux compte de la stérilité de l'analyse, si loin qu'elle soit poussée, quand le terrain d'observation est mauvais, quand la notion des faits se trouve faussée dès le début.

Moins une science est avancée, plus elle est descriptive, a dit Wundt; une science n'est faite que lorsqu'elle est explicative. Or, si l'on excepte la réfraction, l'étude de la vision est purement descriptive, car on ne saurait accepter comme des explications résultant de la synthèse des faits, la théorie des trois espèces de fibres de Young-Helmholtz, ou celle des trois substances visuelles de Hering. Ces théories ne sont que des hypothèses, des conceptions à priori, et il devient de plus en plus évident que, loin d'offrir une base solide à l'étude de la vision, elles n'ont servi qu'à égarer les esprits et à stériliser les efforts.

Helmholtz, acceptant la tradition qui existait lorsqu'il a écrit son *Optique physiologique*, l'a continuée, et, grâce à l'autorité de son nom, a plus que tout autre contribué à maintenir l'étude de la vision dans cette voie. Personne n'estime plus que moi la personnalité scientifique de Helmholtz qui s'est placé au premier rang dans l'étude de la physique mathématique, à qui nous sommes redevables, en oculistique, de l'ophtalmoscope qui a transformé notre science, de l'ophtalmomètre et d'une belle étude sur l'accommodation, à laquelle ce dernier instrument a servi. On devra cependant reconnaître que son livre, avec des qualités de premier ordre, a immobilisé la science pendant un quart de siècle en détournant les esprits du véritable but à poursuivre, qui est *l'explication des phénomènes visuels par les propriétés de structure de l'appareil visuel.*

Helmholtz n'a pas seulement accepté la tradition qui a fait dévier l'étude de la vision, il a voulu la justifier, peut-être parce qu'il en sentait le côté faible. « Tout esprit rigoureux, dit-il, devra reconnaître que les faits psychologiques peuvent servir de base tout à fait légitime pour la théorie de la vision [1]. » Dans la conférence à laquelle j'emprunte ces paroles, comme dans son *Optique physiologique*, il n'a pas craint de dire, après bien d'autres, que les phénomènes visuels, certains d'entre eux tout au moins, ne peuvent pas s'expliquer par une disposition organique. Quant au rôle des mathématiques, il suffit d'ouvrir son livre pour se rendre compte de la place qu'elles occupent, non seulement dans la dioptrique oculaire, où elles ont leur raison d'être, mais dans l'étude de la sensibilité visuelle et de la vision binoculaire.

Je ne méconnais nullement le rôle historique de la philosophie et de la psychologie dans l'évolution scientifique. Les philosophes ont été les éducateurs de l'esprit humain et, par là, les initiateurs de toute science. Je ne puis oublier d'ailleurs que Descartes a déterminé les lois de la réfraction, que Pascal a découvert le poids de l'atmosphère. Il n'est pas moins vrai que les meilleurs parmi les philosophes, en développant l'esprit d'observation et en préparant ainsi la méthode expérimentale, ont ruiné, sinon la philosophie, du moins la méthode philosophique, la méthode des à priori, la méthode qui asservit les faits aux conceptions métaphysiques. C'est peut-être sur le terrain de l'optique que l'antagonisme des deux méthodes s'est affirmé avec le plus d'éclat, entre deux hommes de génie, lorsque Gœthe, soutenu par l'école hégellienne, combattit l'admirable découverte de Newton sur la composition de la lumière blanche, au nom d'une certaine conception psychologique de la vision.

Du reste, la psychologie subit actuellement une transformation profonde, sous l'influence d'un mouvement d'idées

---

[1] HELMHOLTZ. Des progrès récents sur la théorie de la vision. Conférence faite à Heidelberg, 1868. *Annales d'Ocul.*, t. LXI, p. 245.

qui a débuté vers le milieu de ce siècle, et il est remarquable que les partisans de la psychologie nouvelle sont les premiers à juger sévèrement la psychologie ancienne [1].

Dans cette psychologie nouvelle, « qui cherche à constituer la psychologie comme science naturelle », on distingue deux courants qui se résument dans les noms de *psycho-physique* et de *psycho-physiologie*.

La psycho-physique, qui a eu pour promoteurs Weber et Fechner, cherche à donner à la psychologie une base expérimentale, et cette base elle la cherche surtout dans la mesure des sensations. La tendance est excellente, mais il semble que les résultats aient été médiocres, sans doute parce que le principe de cette expérimentation manque de solidité. Il ne m'appartient pas de porter un jugement sur la méthode en général, je me borne à constater qu'elle admet, pour la mesure de nos sensations, une relation suffisamment fixe entre l'intensité de l'excitation et l'intensité de la sensation. Or, en ce qui concerne la sensation lumineuse, rien n'est moins exact ; nous verrons que cette relation n'existe pas.

La *Psycho-physiologie* prend des aspects différents en Allemagne avec Wundt, qui s'appuie surtout sur l'expérimentation ; en Angleterre avec Herbert Spencer, qui s'éclaire de la doctrine évolutioniste ; en France avec Th. Ribot, qui cherche une base dans l'analyse féconde des faits pathologiques. La psycho-physiologie nous ramène à la réalité, mais l'étiquette ne suffit pas. Ainsi que le fait remarquer Ribot, certains auteurs, après s'être déclarés partisans de la psycho-physiologie, reviennent aux anciens errements. Appliquée à l'étude des sens, la psychologie ne saurait se

---

[1] Voyez Th. RIBOT. La Psychologie allemande contemporaine. La Psychologie anglaise contemporaine.

distinguer de la physiologie ; elle doit en accepter non seulement le nom, mais l'esprit et la méthode. C'est ce que les psychologues modernes commencent à comprendre. Si nous concédons à ces nouveaux psychologues que le mécanisme physiologique de certains phénomènes, comme ceux de la conscience, reste et restera probablement longtemps impénétrable, que dans l'étude des fonctions cérébrales, comme d'ailleurs dans celle de toutes les branches de la science, il y a une limite où l'analyse expérimentale se trouve impuissante, il sera facile de s'entendre. Mais cette limite est celle même de la science positive. Au delà commence la métaphysique, et tous ceux pour qui l'idée de science est inséparable de précision et de clarté, reconnaissent la nécessité de séparer nettement les deux ordres de faits.

Il devrait être superflu de répéter, après Claude Bernard, après Pasteur, après Virchow, que l'étude de la Biologie doit, avant tout, se dégager des spéculations métaphysiques. Cependant, en ce qui concerne l'étude de la vision, il est plus que jamais nécessaire de le proclamer. Les ophtalmologistes, par habitude, par respect du principe d'autorité, rééditent encore de nos jours les mêmes théories, les mêmes idées métaphysiques, en termes qui, parfois, nous reportent au temps où l'on expliquait l'ascension de l'eau dans les pompes par l'horreur de la nature pour le vide.

La psychologie métaphysique est la science du passé ; les mathématiques sont la science du présent, et plus encore, sans doute, la science de l'avenir. La science expérimentale sera toujours limitée par l'imperfection de nos sens ; aux limites de la science expérimentale les mathématiques étendent, d'une manière en quelque sorte indéfinie, le champ de nos connaissances positives.

Tout nous ramène à l'admirable conception de Descartes, à la conception mécanique du monde vivant comme du monde physique. Déjà la chimie, la physique, dans leurs phénomènes élémentaires, tendent à devenir des branches de la mécanique. D'autre part, il devient de plus en plus certain que « tous les phénomènes *matériels* de la vie sont soumis aux lois mécaniques et chimiques[1] ». On entrevoit donc le jour où la chimie biologique et la physiologie générale rentreront dans cette synthèse universelle et deviendront, par suite, tributaires de l'analyse mathématique. Mais, quels que soient les progrès de la science, ce jour paraît éloigné.

Au surplus, la connaissance des phénomènes élémentaires qui se passent dans la cellule et les tissus, ne nous dispenserait pas de connaître la structure des appareils ; c'est même par là qu'il faut commencer. Or, je dois constater que, dans l'étude fonctionnelle de la vision, l'abus des mathématiques n'a pas été moins funeste que les conceptions psychologiques.

Les physiciens ont doté l'ophtalmologie d'un chapitre admirable, celui de la dioptrique oculaire, où l'analyse mathématique trouve naturellement sa place. L'erreur a été de vouloir appliquer également cette analyse à l'étude de la sensibilité visuelle et de la vision binoculaire. Ici les mathématiques ont été doublement nuisibles, en dénaturant les faits et en compliquant inutilement les questions de manière à les rendre inaccessibles au plus grand nombre.

Il semble, au premier abord, que la sensibilité visuelle se prête facilement à l'évaluation numérique, d'autant plus

---

[1] Armand GAUTIER. Le rôle de la chimie biologique en médecine. *Revue générale des Sciences,* 30 déc. 1897.

facilement que nous possédons pour cette exploration des instruments perfectionnés. C'est surtout dans l'étude de l'œil que la psycho-physique devrait trouver sa raison d'être et sa justification. En effet les critiques de Fechner, Hering, Delbœuf, lui ont concédé que sa loi, fausse pour les autres sensations, pouvait être applicable à l'étude de la sensibilité visuelle. Il n'en est rien : l'évaluation numérique des phénomènes de sensibilité visuelle est au contraire fort difficile, ou, pour mieux dire, illusoire.

Posons la question de la manière la plus simple et la mieux définie. Considérons un spectre et cherchons à déterminer le degré de sensibilité de l'œil pour les différents rayons de ce spectre, en faisant abstraction de la couleur, en déterminant le minimum de lumière nécessaire pour produire une sensation lumineuse sur la rétine, ce qui reviendra à déterminer l'intensité lumineuse des différentes parties de ce spectre. Les différents rayons de ce spectre représentant des énergies physiques qui sont dans un rapport constant, il semble que cette détermination sera des plus faciles et des plus rigoureuses. Il n'en est rien : cette détermination est impossible.Elle est impossible parce qu'il n'y a aucun rapport fixe entre l'énergie physique et objective des différents rayons d'un même spectre et la sensation que ces rayons déterminent sur l'appareil visuel.

Nous étudierons les propriétés remarquables de la rétine qui sont la cause de cette instabilité de la sensation, qui la font varier d'une manière incessante suivant l'adaptation de l'œil, suivant l'éclairage ambiant, et d'une manière très inégale suivant la longueur d'onde des rayons. Il deviendra évident que toutes les mesures de la sensibilité visuelle qui ont été prises sans la connaissance de ces propriétés sont de nulle valeur et devaient conduire à des conclusions fausses. Il deviendra encore évident que, même en tenant compte de ces propriétés, les chiffres ne peuvent avoir qu'une valeur très relative. Sans doute nous sommes obligés d'avoir recours aux chiffres pour l'exposition des faits, mais on dénature les faits si l'on attribue aux chiffres une signification qu'ils ne sauraient avoir, et ici, l'erreur est doublement dangereuse, parce que tout en étant l'erreur elle a les apparences de la précision scientifique. La précision scientifique réside, avant tout, dans l'expression sincère de la vérité.

L'abus des mathématiques est encore plus frappant en ce qui concerne la vision binoculaire, fonction essentiellement cérébrale.

J. Müller a admis dans chaque rétine des points dits identiques ou correspondants, reliés entre eux par l'intermédiaire du système nerveux de telle sorte que leur impression par les images binoculaires d'un objet donne une image unique de cet objet. L'objet est vu double au contraire, comme le prouve l'expérience de chaque jour, si ses images ne se peignent pas sur ces points déterminés des rétines, sur ces points identiques.

Cette identité des deux rétines est indiscutable, et indispensable au fonctionnement de la vision binoculaire. Malheureusement on a voulu donner à cette propriété une formule mathématique par la construction de l'horoptère, c'est-à-dire par la figuration géométrique dans l'espace de l'ensemble des points qui vont former leurs images sur des points identiques des rétines, et, par conséquent, doivent être vus simples avec les deux yeux.

Le stéréoscope n'a pas tardé à montrer la fausseté de cette formule en prouvant que nos yeux ont la propriété de fusionner des images rétiniennes qui se peignent sur des points non identiques. Alors commencent des discussions sans fin, qui sont restées sans résultat parce que, en réalité, elles sont sans objet. Hering, Helmholtz imaginent des horoptères plus compliqués que celui de Müller. C'est en vain ; ce sont là, comme l'a dit Giraud-Teulon, *disquisitiones mathematicæ* sans rapport avec la physiologie. Par cela seul que les horoptères sont des constructions géométriques, c'est-à-dire quelque chose d'absolu, ils ne peuvent que donner une idée fausse de l'identité des rétines, car, outre que cette identité n'est pas également répartie dans le champ visuel, qu'elle n'offre pas les mêmes caractères dans toutes les parties, que ces caractères sont certainement différents suivant les individus, il est de l'essence même de cette fonction d'offrir une certaine élasticité sans laquelle la vision binoculaire serait impossible ou, tout au moins, très défectueuse.

A la théorie de l'identité des rétines, formulée par l'horoptère, on a opposé la théorie des projections, défendue par Giraud-Teulon, Nagel, Donders, théorie aussi exacte dans son principe que celle de l'identité, mais qui a été également faussée par des conceptions géométriques telles que celles des sphères de projection de Nagel.

On a créé ainsi, entre des faits qui constituent deux aspects différents de la même fonction, un antagonisme en apparence irréductible, et la confusion créée par ces conceptions géométriques est telle, que lorsque Giraud-Teulon posa la loi de la localisation des images binoculaires à la rencontre des axes de projection, principaux et secondaires, il ne fut même pas compris. Donders déclare dédaigneusement que cette opinion mérite à peine d'être discutée ; Helmholtz ne la discute pas ; d'autres se contentent de dire qu'elle est erronée.

Or la loi posée par Giraud-Teulon est fondamentale, ainsi que nous le verrons ; elle seule permet la synthèse des faits, elle seule explique la vision stéréoscopique dont la théorie admise est d'ailleurs fausse, toujours pour la même raison, parce qu'on n'y a vu qu'un problème de géométrie, sans chercher à en pénétrer le mécanisme physiologique.

Dans l'étude de ces questions, les mathématiciens sont tombés dans la même erreur de raisonnement que les psychologues métaphysiciens, erreur qui consiste à assouplir les faits à nos conceptions, et à raisonner sur ces conceptions au lieu de raisonner sur la réalité des faits. Or la réalité des faits nous montre, en regard de ces contradictions et de cette confusion créée par les savants, une harmonie admirable. Il suffit pour la découvrir d'abandonner le point de vue des mathématiciens et d'accepter celui de la physiologie.

Ces critiques ont pour but de montrer la nécessité de changer l'orientation qui a été donnée à l'étude de la vision, de porter la question sur son véritable terrain qui est celui même de la physiologie, de chercher l'explication des phénomènes visuels dans la structure de l'appareil visuel, dans les propriétés des éléments anatomiques.

Si l'on objecte que, pour expliquer les phénomènes visuels par les propriétés de structure de l'appareil visuel, il faudrait connaître cette structure, je répondrai : Il est possible que la question soit difficile, mais ce n'est pas en tournant le dos à la vérité qu'on la trouve, et s'il est vrai qu'une question bien posée est à moitié résolue, il importe avant tout de bien poser la question. Au surplus, la question n'est pas aussi difficile qu'il semble au premier abord.

En ce qui concerne la rétine, nous connaissons suffisamment sa structure pour trouver dans cette structure la raison des faits physiologiques. La découverte du pourpre rétinien par Boll, l'étude si complète de ses propriétés physiques par Kuhne, les différences anatomiques qui distinguent la fovea ou partie centrale de la rétine des parties périphériques, les caractères qui séparent les deux espèces d'éléments de la couche sensible de la rétine, les cônes et les bâtonnets, tout cela concorde si exactement avec les expériences physiologiques, qu'il semble que cette anatomie ait été imaginée après coup, pour les expliquer.

Pour ce qui concerne les relations fonctionnelles des deux yeux et la vision binoculaire qui est essentiellement une fonction cérébrale, il est certain que nous ne sommes pas en état d'expliquer ce fonctionnement par nos connaissances anatomiques. Les schémas que l'on nous sert de temps à autre sont enfantins en regard de la complexité des connexions nerveuses que suppose le fonctionnement des deux yeux. Ils sont peut-être plus dangereux que les hypothèses métaphysiques, parce que, tout en étant aussi faux, on a plus de tendance à les prendre pour la réalité.

Cependant un immense progrès vient d'être réalisé dans nos connaissances sur la structure cérébrale. Ramon y Cajal, en démontrant que les prolongements cylindraxiles ou protoplasmiques de toute cellule nerveuse se terminent librement et que, par suite, la conduction de l'influx nerveux se fait par contiguïté, et non par continuité des éléments, a transformé nos idées sur le fonctionnement de l'appareil nerveux. Si les travaux modernes sur la structure de l'appareil cérébro-spinal ne nous permettent pas encore d'établir une relation intime entre l'anatomie et les faits expérimentaux, ils nous laissent entrevoir la possibilité d'établir cette relation un jour ; ils nous permettent de concevoir comment s'établissent entre la rétine et les centres visuels d'une part, entre l'appareil sensoriel et l'appareil moteur, d'autre part, les connexions multiples et variables suivant le mode d'excitation que suppose le fonctionnement de l'appareil visuel. Ces travaux nous débarrassent de l'ancienne conception où l'on admettait la continuité anatomique des éléments de conduction reliant les appareils périphériques aux centres nerveux, conception qui a sans doute poussé certains physiologistes à nier la possibilité d'expliquer les phénomènes visuels par une disposition organique.

Dans l'état actuel de nos connaissances, à quelles sources devons-nous puiser pour l'étude de la vision ? Il y en a deux qui, bien que différentes, conduisent à des résultats tout à fait concordants. Ce sont l'*expérimentation physiologique* et l'*observation clinique*. Nous avons en outre, comme fil conducteur, la *doctrine évolutioniste* qui ouvre à la physiologie une voie sûre et féconde.

Il est superflu de faire ressortir l'utilité, la nécessité de l'expérimentation physiologique. Je ferai seulement remarquer que si nous devons éviter l'abus des mathématiques, le concours de la physique nous est au contraire indispensable pour cette expérimentation. Il est indispensable non seulement pour la construction et le maniement des appareils que cette étude nécessite, mais parce que le sujet est en quelque sorte commun aux deux branches de la science. Le physiologiste doit connaître le fonctionnement de l'œil comme instrument de physique, il doit connaître les propriétés physiques de l'agent lumineux. D'autre part le physicien ne saurait approfondir les questions relatives à la lumière sans connaître le fonctionnement de l'appareil visuel. La physique est d'ailleurs la science expérimentale par excellence; elle maintient le physiologiste dans les habitudes d'esprit qui lui conviennent le mieux pour l'étude des appareils organiques. C'est comme physicien que Helmholtz a rendu de si grands services à l'ophtalmologie, qu'il a découvert l'ophtalmoscope et imaginé l'ophtalmomètre.

L'utilité de l'observation clinique est moins reconnue; elle n'est pas moins certaine. Je crois même que dans l'étude des appareils sensoriels, son rôle deviendra de plus en plus important, plus important que celui de l'expérimentation physiologique. Charcot a particulièrement insisté sur l'utilité de ce qu'il appelait « l'expérimentation clinique » appliquée à l'étude des fonctions cérébrales. Pour qui sait observer, en effet, la pathologie nerveuse réalise des expériences infiniment plus délicates et instructives que celles du laboratoire. Il suffit de rappeler combien les faits pathologiques ont jeté de lumière sur les fonctions du langage et de l'écriture, sur les différentes espèces de mémoire, pour montrer combien l'observation clinique peut être utile dans l'étude des fonctions les plus élevées du cerveau. Les faits cliniques ont ce double avantage d'être fort instructifs par eux-mêmes et de servir de contre-épreuve à l'expérimentation physiologique. Quand les conclusions fournies par ces deux ordres de faits concordent, on est doublement sûr d'être dans la vérité. Or, en ce qui concerne le fonctionnement de la vision, nous espérons montrer que cette concordance est remarquable.

La science ne s'établit que sur les faits, mais l'analyse des faits reste inutile tant qu'elle ne permet pas leur synthèse, tant qu'il ne se dégage pas une conception générale qui permette de grouper ces faits, d'établir les relations qui les unissent, d'assigner à chacun d'eux sa véritable signification, son rôle dans l'ensemble dont il fait partie.

En physiologie, l'étude des faits a pour but la connaissance des propriétés générales des appareils, propriétés d'où résulte la fonction. C'est seulement lorsque nous connaissons la disposition et le fonctionnement des appareils que les faits trouvent leur signification, que la physiologie devient explicative.

C'est d'après ces principes que cette étude est faite. Je me préoccuperai moins de décrire tous les faits que d'établir les propriétés de l'appareil de la vision qui expliquent les faits et la fonction visuelle. Laissant de côté la réfraction oculaire, où je n'aurais rien d'original à ajouter, j'étudierai d'abord les fonctions de la rétine et la sensibilité visuelle, puis les relations fonctionnelles des deux yeux, comprenant la vision binoculaire, la vision simultanée, la vision alternante. Quelques considérations générales sur les rapports des sens avec le monde physique sont préalablement nécessaires.

LES AGENTS PHYSIQUES ET LE DÉVELOPPEMENT DES SENS

LA LUMIÈRE ET LE SENS DE LA VUE

Les organes des sens ont pour fonction de nous mettre en relation avec le monde extérieur. Tout appareil sensoriel doit être considéré comme le résultat d'une différenciation de l'appareil de sensibilité générale, représenté dans ce qu'il a de plus élémentaire, chez l'homme, par le toucher.

D'après les idées modernes, issues des travaux de Lamarck et de Darwin sur l'évolution des organismes vivants et leur adaptation au milieu dans lequel ils se développent, cette différenciation a surtout une cause extérieure. Elle est déterminée par les agents physiques qui impressionnent différemment l'organisme sensible, y déterminent des réactions particulières et, finalement, des transformations morphologiques, résultat de l'accumulation des modifications individuelles transmises par hérédité.

Les agents physiques ne pouvant agir chez les animaux primitifs que sur le tégument externe, c'est dans ce tégument que les appareils sensoriels doivent avoir leur origine anatomique. Effectivement, l'embryologie, confirmant la doctrine évolutioniste, nous montre que les appareils sensoriels sont développés aux dépens de l'ectoderme. La rétine humaine, partie fondamentale de l'organe de la vue, est une dépendance de l'ectoderme, « un fragment du tégument externe qui, après avoir été enfoui dans la profondeur du corps de l'embryon, reparaît plus tard à la périphérie pour donner l'organe sensoriel ».

A l'autre extrémité de l'échelle animale, nous trouvons le premier rudiment de la rétine sous forme d'une tache pigmentaire de la peau. Entre cet œil rudimentaire et l'œil perfectionné des mammifères, l'anatomie comparée nous montre une foule de formes et de degrés intermédiaires [1].

Il y a plus encore, la peau de certains animaux inférieurs (mollusques, vers) est sensible à la lumière sans qu'on puisse y découvrir la moindre trace d'une différenciation anatomique en rapport avec la sensation lumineuse, ce qui prouve que la réaction différente par des excitations physiques différentes, précède, dans l'évolution des organismes vivants, la différenciation anatomique.

La physiologie comparée nous montre encore un fait intéressant au point de vue de l'évolution phylogénique des sens, c'est que les sensations différentes qu'un animal peut éprouver — disons, pour être plus exact, les réactions sensorielles qu'il peut manifester — peuvent être développées par l'excitation des mêmes parties de la peau, c'est-à-dire que l'appareil sensoriel rudimentaire de ces animaux sert pour toutes les sensations. Il en est ainsi, par exemple, chez la Pholade dactyle, qui a été de la part de Raphaël Dubois l'objet d'une étude fort intéressante [2]. Chez ces mollusques, la peau du siphon — appendice protractile qui se dégage du manteau pour recevoir les excitations du dehors — est à la fois le siège du tact, de l'olfaction, de la gustation

---

[1] Voyez sur cette question un travail récent de Steffan. Entstehung und Entwickelung der Sinnesorgane und Sinnesthætigkeiten im Tierreiche. *Société des naturalistes de Francfort-sur-le-Mein*, 1898.

[2] Raphaël Dubois. Anatomie et Physiologie comparée de la Pholade dactyle, 1892.

et de la vision. Les sensations auditives paraissent faire défaut. Les différentes excitations sensorielles se traduisent chez la Pholade dactyle par des réactions musculaires très délicates, que l'on peut enregistrer, et qui attestent en particulier une grande sensibilité de la peau de l'animal aux différences d'intensité de la lumière, et même, selon l'auteur, aux différences de réfrangibilité ou de couleur[1].

D'autre part, la Géologie découvre une certaine corrélation entre le développement progressif des sens, chez les animaux, et l'apparition, sur notre planète, des causes physiques qui provoquent les sensations. « Les manifestations de la nature qui donnent lieu aux sensations de la vue, de l'ouïe, de l'odorat, du goût et du toucher, dit Albert Gaudry, semblent être devenues de plus en plus intenses à mesure que les temps géologiques se sont déroulés ; sans doute les sensations ont progressé en même temps[2]. »

On voit combien les faits de toute origine concourent à établir que la cause déterminante des différenciations anato-

[1] Paul BERT, le premier, a remarqué que certains mollusques sont sensibles non seulement aux différences d'intensité, mais aussi aux différences de couleur de la lumière. Lubbock, Gruber, Raphaël Dubois, Forel, ont fait des expériences confirmatives.

Mais ces expériences ne démontrent pas péremptoirement que ces animaux distinguent la couleur, ni même que les réactions musculaires produites par les différences de couleur soient en rapport avec la *qualité* de la lumière. Ces animaux étant particulièrement sensibles aux différences d'intensité, il est possible que l'action différente des couleurs tienne à leur intensité lumineuse différente. Cette confusion est facile à commettre, même dans les expériences sur la rétine humaine, ainsi que nous le dirons à propos de la persistance de l'impression lumineuse sur la rétine.

Il est probable cependant que les couleurs déterminent des sensations différentes chez les animaux, mais nous n'en avons pas la démonstration expérimentale. On peut seulement le déduire d'analogies anatomiques, telles que la prédominance des cônes dans la rétine, ou de considérations philosophiques qui nous autorisent à croire, par exemple, que dans l'ordre admirable de la nature la richesse en couleur du plumage de certains oiseaux mâles doit avoir un but.

[2] Albert GAUDRY. *Paléontologie philosophique*, 1896, p. 101.

miques qui caractérisent les sens, réside dans les excitations physiques différentes. Nous disons la cause déterminante, car il est bien évident que la cause fondamentale réside dans les propriétés de la matière vivante, qui la font s'adapter si merveilleusement au milieu physique dans lequel elle se développe. Propriétés mystérieuses que la science moderne a été aussi impuissante à expliquer que la philosophie, et qui ramènent invinciblement l'esprit à l'idée d'une cause première, origine de l'énergie vitale qui fait évoluer la matière inerte et l'adapte au but à atteindre avec une perfection dont l'œil nous fournit un si admirable exemple.

Ce sont donc les vibrations de l'air qui déterminent la spécialisation sensorielle de l'ouïe, les vibrations de l'éther, la spécialisation sensorielle de la vue. L'appareil s'adapte ainsi d'autant mieux au mode d'excitation qu'il est développé par cette excitation elle-même.

Si ce sont les excitations physiques différentes qui développent dans l'organisme les réactions qui caractérisent les sensations, inversement, par le développement des sens, les agents physiques acquièrent, pour nous, des propriétés nouvelles que l'on peut appeler *propriétés sensorielles* des corps, distinctes de leurs *propriétés physiques*.

Le volume d'un corps, sa forme, son poids, ses changements moléculaires sous l'influence de la température, les réactions chimiques qu'il détermine sur d'autres corps, son mouvement, son état vibratoire, sont des propriétés physiques aussi immuables que la matière elle-même.

La chaleur de ce corps, son odeur, sa sapidité, sa sonorité, sa luminosité, sa couleur sont des propriétés sensorielles, des propriétés relatives qui n'existent pas en dehors de l'organisme vivant qui les crée en quelque sorte.

Les propriétés physiques des corps se résolvent, en définitive, en deux propriétés fondamentales de la matière, la masse et le mouvement. En dehors de nous il n'y a que cela. Les autres propriétés que nous attribuons aux corps n'existent qu'en nous ; elles sont le produit de réactions sensorielles développées par la masse et surtout par les modalités de mouvement de la matière pondérable ou impondérable. Supprimez l'oreille, un silence absolu se répand sur la nature, malgré la foudre, malgré le choc des corps, malgré les vibrations de l'air. Supprimez l'œil, le monde rentre dans une nuit profonde, malgré le soleil, malgré les vibrations de l'éther que déterminent les corps que nous appelons lumineux. Vérités absolues qui semblent des paradoxes à notre esprit habitué à identifier la sensation avec la cause qui la produit.

Le défaut de distinction entre les propriétés physiques et les propriétés sensorielles des corps a été, dans la science, une source de confusion qui se perpétue par le langage, par les mots qui ne répondent pas à une conception nette des choses. « L'homme inconnu qui a créé le mot *chaleur*, disait récemment Poincaré, a voué bien des générations à l'erreur ; on a traité la chaleur comme une substance, simplement parce qu'elle était désignée par un substantif[1]. » La même observation s'applique de tout point au mot *lumière* et, d'une manière générale, à tous les substantifs par lesquels on désigne les réactions déterminées sur nos appareils sensoriels par les agents physiques. On saisit ici l'influence considérable que les mots ont eue sur les idées, et la justesse de cette pensée de Condillac : « Une science exacte est une science dont la langue est bien faite. »

Les propriétés sensorielles des corps semblent justifier

----

[1] Henri POINCARÉ. Rapports de l'analyse et de la physique mathématique. *Revue générale des Sciences*, 1897, n° 21.

la doctrine de certains philosophes soutenant que, la matière ne nous étant connue que par nos sens, nos sens peuvent nous tromper, d'où l'absence de certitude. Sans doute si nos sens se développaient en dehors de l'influence du monde physique, mais si nous remarquons qu'à ces propriétés sensorielles de la matière répond une modalité physique et objective, et que c'est précisément cette modalité physique qui détermine le développement de la modalité sensorielle, la confiance que nous accordons à nos sens se trouve justifiée ; elle est rationnelle comme celle que nous accordons à un rapport de causalité.

Ces considérations n'en prouvent pas moins la nécessité de préciser le fonctionnement de nos appareils sensoriels, non seulement pour bien connaître ce fonctionnement, mais pour préciser du même coup les relations qui nous unissent au monde physique, relations qui, en définitive, sont la base de toutes nos connaissances positives. Nous verrons en particulier que différentes questions de physique, relatives à la lumière, à la photométrie, aux couleurs, à leur saturation, au phénomène de Purkinje, à la fluorescence, ne peuvent être comprises sans la connaissance des propriétés de la rétine.

Ce qui caractérise essentiellement le sens de la vue, c'est une réaction particulière, la sensation lumineuse, déterminée par l'excitation d'un agent physique, par les vibrations d'un milieu élastique appelé éther. Les sensations de couleur et de forme de l'œil perfectionné ne sont que des modalités de la sensation lumineuse fondamentale.

Ce que nous appelons « lumière » est le produit de cette réaction.

Cherchons à définir la lumière d'après ses caractères

physiques et objectifs, c'est-à-dire indépendamment de la sensation lumineuse qui la caractérise.

On croyait autrefois à l'existence d'un agent physique spécial pour la lumière. Il n'en est rien. On sait aujourd'hui que c'est le même agent qui produit la chaleur, et il est à peu près certain, depuis les expériences de Hertz, que c'est aussi le même qui produit l'électricité. Maxwel, Helmholtz, Poincaré, ont d'ailleurs développé une « théorie électro-magnétique de la lumière ». Laissons de côté les phénomènes électriques et n'envisageons que les rayons fournis par l'analyse spectrale.

On a divisé les rayons fournis par la réfraction prismatique en trois catégories formant le spectre calorique, le spectre lumineux et le spectre chimique. Mais cette division est artificielle, le spectre calorique et le spectre chimique se prolongent sur le spectre lumineux, de telle sorte qu'un rayon lumineux possède, à des degrés différents, les propriétés des trois spectres, propriétés lumineuses, caloriques et chimiques. Nous ne trouvons donc pas dans cette division un caractère distinctif des rayons lumineux.

Les rayons fournis par l'analyse spectrale ont d'autres propriétés : ce sont la réflexion, la réfraction, la diffraction, la polarisation.

Ces propriétés ont été d'abord étudiées à l'aide des rayons lumineux qui se prêtent mieux à cette analyse, mais on sait aujourd'hui qu'elles sont communes à tous les rayons caloriques lumineux et chimiques. Elles ne peuvent pas non plus nous fournir un caractère distinctif des rayons lumineux.

Ce qui, physiquement, caractérise la lumière, c'est uniquement une différence dans la longueur d'onde du milieu élastique, et dans la rapidité de ses vibrations. Les rayons capables de développer la sensation lumineuse, dans les conditions habituelles, ont une longueur d'onde comprise entre 7 609 dix millionièmes de millimètre, pour l'extrémité rouge du spectre au niveau de la raie A, et 3 938 dix millionièmes de millimètre pour l'extrémité violette au niveau de la raie H. C'est ce que l'on appelle le spectre lumineux. Mais nous allons voir que cette définition de la lumière est assez fragile.

La limite rouge du spectre lumineux, *où l'éther en mouvement perd le nom de lumière pour prendre celui de chaleur*, est d'une détermination relativement facile. Il n'en est plus ainsi pour l'extrémité violette, qui varie incessamment suivant l'adaptation de l'œil, c'est-à-dire suivant l'intensité de l'éclairage ambiant. On fait intervenir ici, comme en beaucoup d'autres circonstances, la fatigue ou le repos de l'œil. Ces mots cachent une erreur. Pourquoi le repos ne se manifeste-t-il pas pour l'extrémité rouge, aussi bien que pour l'extrémité violette? Ces variations dans la visibilité de l'extrémité violette du spectre sont la conséquence d'une fonction particulière de la rétine dont nous préciserons la nature.

Dans les conditions d'adaptation moyenne, avec la lumière solaire comme source lumineuse, l'œil perçoit les rayons violets jusqu'au voisinage de la raie H. Mais avec une adaptation plus forte, le spectre visible s'étend beaucoup plus loin ; on peut voir le spectre chimique dans une étendue plus ou moins grande et même distinguer ses principales raies à l'œil nu. Sous le rapport de la visibilité, la limite entre le spectre lumineux et le spectre chimique est donc artificielle.

Le spectre chimique a d'ailleurs, comme le spectre lumineux, la propriété de développer la fluorescence, et c'est grâce à cette propriété que les corps fluorescents le rendent visible. Nous verrons d'ailleurs que la visibilité du spectre chimique à l'œil nu a lieu par le même procédé, c'est-à-dire grâce à la formation dans le fond de l'œil d'un écran fluorescent naturel, par le séjour de la rétine dans l'obscurité.

Les rayons X de Rœntgen rendent la délimitation des rayons lumineux encore plus difficile. Ces rayons ont deux propriétés qui leur sont communes avec le spectre chimique et le spectre lumineux, savoir : les réactions chimiques et la faculté de développer la fluorescence. Ils en ont une troisième qui leur est commune avec les rayons violets et ultra-violets, l'action sur les corps électrisés. Ces propriétés établissent entre les rayons X et les rayons fournis par l'analyse spectrale une analogie évidente, mais ils en diffèrent par d'autres caractères qui les ont fait considérer par Rœntgen et beaucoup de physiciens comme étant d'une nature particulière.

Que les rayons X soient distincts des rayons ultra-violets, cela est certain. Qu'ils soient d'une nature différente, cela devient de moins en moins probable. Au point de vue qui nous occupe, remarquons surtout que ces rayons ont la propriété de devenir visibles par l'intermédiaire des substances fluorescentes [1].

Nous verrons que tous les rayons du spectre, le rouge excepté, d'une intensité assez faible pour n'être pas visibles dans les conditions ordinaires, peuvent devenir visibles après un séjour suffisamment prolongé de l'œil dans l'obscurité; que les rayons dont la visibilité est ainsi aug-

---

[1] Voyez, sur cette question et sur les rapports des rayons X avec les rayons lumineux, un travail récent de SAGNAC. Luminescence des rayons X. *Revue générale des Sciences*, avril 1898.

mentée sont précisément ceux qui agissent sur les substances fluorescentes, que cette augmentation de la visibilité
est d'autant plus grande que les rayons sont plus réfrangibles, c'est-à-dire que leur propriété de développer la
fluorescence est plus grande. Nous verrons enfin que l'œil
doit effectivement cet accroissement de sensibilité par l'obscuration à la production dans le fond de l'œil d'un écran
fluorescent naturel constitué par l'érythropsine ou pourpre
rétinien. C'est grâce à cette propriété que certaines parties
du spectre chimique deviennent visibles à l'œil nu, par le
séjour de la rétine dans l'obscurité.

Puisque le spectre chimique devient visible par l'intermédiaire de la fluorescence de l'érythropsine, puisque
d'autre part les rayons X ont la propriété de développer la fluorescence, on doit se demander pourquoi
ils ne sont pas visibles dans les mêmes conditions que le
spectre chimique. Cela peut tenir à deux causes : à ce
qu'ils sont absorbés par les milieux de l'œil, comme le
démontrent les expériences de Rochas et Dariex, ou encore
en ce qu'ils n'ont pas une énergie suffisante pour agir sur
le pourpre rétinien, comme le démontrent les expériences
de Fuchs et Kreidl sur le pourpre de la grenouille[1].

Il ne faudrait pas d'ailleurs se hâter de conclure que les
rayons X sont totalement privés de la faculté de développer sur les organismes vivants les réactions sensorielles
propres à la lumière. On sait depuis longtemps que certains
insectes sont très sensibles aux rayons du spectre ultra-
violet. Or, Axenfeld[2] a pu constater que les rayons X agissent sur les yeux des insectes et que cette action produit des
effets analogues à ceux de la lumière.

[1] *Arch. f. d. ges. Physiol.*, LXIII, p. 581. *Centralb. f. Phys.*, X, p. 249.
[2] *Centralb. f. Phys.*, X, p. 147.

L'invisibilité des rayons X pour la rétine humaine ne prouve donc pas que ces rayons soient d'une nature différente des rayons ultra-violets, pas plus que l'invisibilité des rayons infra-rouges ne prouve qu'ils soient d'une nature différente de celle du spectre lumineux [1].

. A propos des rayons infra-rouges, rappelons que Tyndal a pu les rendre visibles par un procédé analogue, mais inverse, à celui de la fluorescence, c'est-à-dire en diminuant leur longueur d'onde. C'est ce qu'il a désigné du nom de *calorescence*.

On voit qu'il est assez difficile de définir ce qui, dans l'éther en mouvement, est la lumière et ce qui ne l'est pas. C'est qu'en effet la lumière n'a aucune propriété physique ou objective qui lui soit propre. Tous les rayons du spectre visible ou invisible sont de nature identique. La lumière tire son caractère spécifique uniquement de la sensation; elle est une propriété sensorielle de l'éther; c'est l'œil qui crée la lumière.

---

[1] Les autres caractères par lesquels les rayons de Rœntgen se distinguent des rayons lumineux ne prouvent pas non plus qu'ils soient d'une nature différente.

La transparence de certains corps opaques pour les rayons X, pour curieuse et utile qu'elle soit, ne constitue pas pour le physicien un sujet d'étonnement aussi grand que pour le public. Il faut considérer l'infinie variété qu'offrent les corps à se laisser traverser par les vibrations de l'éther. La chaleur traverse des corps complètement opaques à la lumière sans que l'on songe à invoquer un agent distinct, ni même des ondulations de forme différente.

Le caractère qui a paru le plus décisif pour attribuer aux rayons X une nature distincte des rayons lumineux est l'absence de réfraction et de réflexion. Mais dans l'hypothèse d'ondulations très petites, ce caractère n'est pas non plus concluant. Il ne faut pas oublier, comme le fait remarquer Ed. Guillaume (*les Rayons X*, 1897), qu'avant la découverte de Rœntgen, les physiciens qui se sont occupés de la dispersion, étaient arrivés, par des considérations théoriques, à cette conclusion, que les vibrations d'une très petite longueur devaient, au delà d'une certaine limite, échapper aux lois de la réfraction.

Mais nous avons fait remarquer que les propriétés sensorielles de la matière ne sont pas quelque chose d'absolu
comme ses propriétés physiques ; elles ont un caractère de
contingence inhérent à leur nature.

Si notre œil et notre cerveau étaient développés autrement, ce que nous appelons « lumière » pourrait n'être pas
la lumière. Si, comme le veut la doctrine évolutioniste, le
sens de la vue est susceptible d'un perfectionnement indéfini, ce qui est la lumière aujourd'hui ne l'a probablement
pas été autrefois, et, dans un âge plus avancé de l'humanité,
la lumière pourra être autre chose que ce qu'elle est aujour-
d'hui.

Nous avons dit que les yeux de certains insectes paraissent plus sensibles aux rayons ultra-violets, que l'œil humain.
Chez d'autres animaux c'est le contraire. D'après les expériences que nous exposerons, on est autorisé à croire que
ces animaux, dont la rétine ne contient pas de bâtonnets et
d'érythropsine ou pourpre rétinien, sont moins sensibles
aux rayons violets et, d'une manière générale, aux faibles
intensités de lumière. C'est pour cela que ces animaux,
comme la plupart des oiseaux, sont héméralopes, c'est-
à-dire privés de la vision crépusculaire.

Après avoir envisagé la sensation de lumière, si nous
envisageons les nombreuses modalités de cette sensation
développées par les rayons de différente longueur d'onde,
c'est-à-dire les couleurs, le caractère de contingence de la
lumière va s'affirmer davantage. De même que ce qui est
la lumière pourrait n'être pas la lumière avec un appareil
visuel différent, de même les qualités de la lumière pour-
raient être différentes.

Le chimiste Dalton découvrit un jour qu'il ne voyait pas
les couleurs comme tout le monde, qu'un bâton de cire rouge

par exemple, lui donnait la même sensation de couleur que le gazon vert. On a reconnu depuis que sur cent individus, quatre ou cinq voyaient les couleurs comme Dalton. Supposez que cette exception soit la règle, les caractères normaux de la lumière se trouveraient changés.

On peut objecter que le daltonisme congénital constitue sinon une maladie, du moins une anomalie de développement de l'appareil visuel. Mais nous verrons que sur l'œil parfaitement normal, la sensation de couleur développée par les rayons de différente longueur d'onde est loin d'avoir un caractère absolu, qu'elle varie incessamment suivant l'état d'adaptation de la rétine et que la loi de ces variations n'est pas la même pour les différentes couleurs. Nous verrons même que la couleur spectrale la plus pure peut, dans certaines conditions, ne développer sur l'œil normal *qu'une sensation de lumière incolore*. La couleur n'est donc pas inhérente à l'agent physique qui produit la sensation de couleur.

En dépit du dicton d'après lequel « nier la lumière » équivaut à « nier l'évidence », nous dirons que la lumière n'a pas de réalité objective. Non seulement elle n'est pas une chose, une substance, mais elle n'est même pas une propriété inhérente aux corps que nous appelons lumineux.

Elle n'est même pas une propriété inhérente à l'éther, c'est-à-dire à l'agent physique qui en est la cause immédiate. Pour produire la lumière, l'éther en mouvement a besoin d'une substance réagissante, comme le pôle d'une pile a besoin de l'autre pôle pour produire l'étincelle. Cette substance réagissante, c'est la matière vivante, c'est l'élément nerveux sensible.

La lumière est la réaction déterminée dans l'élément nerveux

*visuel par les vibrations d'un agent physique que nous appe-
lons éther.*

Pour la lumière comme pour la chaleur, comme pour l e
son, nous avons pris l'habitude d'attribuer les qualités de la
sensation à l'agent physique qui la produit et d'identifier la
sensation avec la cause qui la détermine.

Il y a là, évidemment, au point de vue de la précision du
langage, une confusion regrettable. Ces réserves faites, nous
continuerons à parler comme tout le monde et nous nous
servirons du mot lumière pour désigner l'agent lumineux.

PREMIÈRE PARTIE

LA SENSIBILITÉ VISUELLE

CHAPITRE PREMIER

LES FONCTIONS DE LA RÉTINE

I. — DISPOSITIF EXPÉRIMENTAL

Étudier les fonctions de la rétine, c'est étudier les réactions sensorielles que la lumière détermine sur cette membrane. La lumière ordinaire, la lumière blanche, est composée d'un nombre infini de lumières simples, de rayons de longueur d'onde et de réfrangibilité différentes. Or, la réaction déterminée sur la rétine par ces lumières simples varie beaucoup suivant leur longueur d'onde. Il est donc indispensable d'expérimenter avec des lumières simples, avec les couleurs spectrales.

Comment allons-nous procéder pour étudier ces réactions, pour déterminer le degré de sensibilité de la rétine aux différentes lumières simples ?

Remarquons d'abord que la réaction produite par ces lumières simples est double, que la sensation est composée de deux éléments : la sensation lumineuse proprement dite, commune à toutes les lumières, et la sensation de couleur, spéciale à chaque espèce de lumière. Pour simplifier le problème, nous éliminerons d'abord le caractère spécifique ; nous n'envisagerons que le caractère commun, la sensation lumineuse.

On peut évaluer le degré de sensibilité de la rétine pour la lumière par deux procédés :

Par le *minimum de différence appréciable* entre deux lumières ;

Par le *minimum visible* pour chaque lumière.

Le premier procédé est celui qui a été appliqué à la mesure des sensations en général par Weber et Fechner. Il suppose que la différence d'intensité de deux lumières reste dans un rapport fixe avec l'intensité de chaque lumière. Nous verrons, par ce qui va suivre, que ce principe ne saurait être exact, si ce n'est peut-être pour le cas où les deux lumières comparées sont de même longueur d'onde. Mais cette comparaison est sans intérêt. Ce sont, au contraire, les réactions différentes par l'excitation de lumières simples différentes qui vont nous éclairer sur les fonctions de la rétine.

Le second procédé, qui consiste à déterminer le degré de sensibilité de la rétine par le minimum de lumière nécessaire pour produire la sensation lumineuse, est le plus rationnel et surtout le plus fertile en résultats. Il y a toutefois dans ce mode d'exploration deux causes d'erreur que l'on n'a pas su éviter et qui, fatalement, devaient vicier les résultats des nombreuses expériences qui ont été faites.

La première tient à l'influence de l'adaptation de la rétine, c'est-à-dire aux variations de sa sensibilité suivant l'éclairage ambiant. Parler, sans distinction, du minimum visible pour une lumière ne veut rien dire. Il y a deux minimums visibles, celui de la rétine adaptée et celui de la rétine non adaptée, et une foule de degrés intermédiaires correspondant aux différents degrés d'adaptation.

La seconde cause d'erreur tient à ce que la partie centrale de la rétine, la fovea, n'est pas modifiée par l'adaptation, de telle sorte que sur une rétine qui a séjourné dans l'obscurité, elle ne réagit pas de la même manière que les autres parties de la rétine.

Il est d'un intérêt capital de connaître ces causes d'erreur. En réalité, ce sont ces deux faits fondamentaux, l'influence de l'adaptation sur la sensibilité rétinienne et la non-participation de la fovea à l'adaptation, qui vont nous faire connaître les fonctions des éléments rétiniens.

Le dispositif expérimental devra donc, avant tout, réaliser les deux conditions suivantes :

1° Donner un spectre positif et permettre son exploration à la lumière du jour et dans l'obscurité absolue ;

2° Permettre de graduer l'intensité de ce spectre et d'évaluer la quantité de lumière qui, pour chaque partie de ce spectre, correspond au *minimum visible*.

Ces conditions peuvent facilement être réalisées par certaines modifications faites au spectroscope ordinaire[1] (fig. 1).

On obtient un spectre positif en supprimant l'oculaire et en ne conservant de la lunette que l'objectif, c'est-à-dire la lentille convergente L' qui reçoit les rayons à leur émergence du prisme. Cette lentille et celle du collimateur L forment un système réfringent qui donnerait, au foyer conjugué de la fente du collimateur, une image de cette fente. Si l'on interpose un prisme ou un système de prismes PP' entre les deux lentilles, l'image de la fente devient un spectre AH, dans lequel, après la double réfraction prismatique et lenticulaire, les rayons rouges vont former leur

---

[1] L'instrument a été construit par M. Ph. Pellin.

foyer à l'extrémité A, les rayons violets à l'extrémité II.

Le verre dépoli, qui reçoit le spectre, étant supporté par l'extrémité de la lunette où se trouve l'oculaire, dans le spectroscope ordinaire, la mise au point se fait à l'aide du bouton à crémaillère B'. Le tube qui supporte le verre dépoli

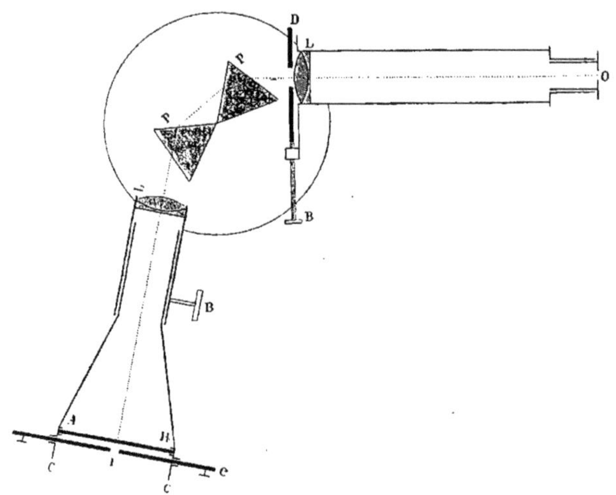

Fig. 1. — Spectroscope modifié.

O, fente du collimateur. — L, lentille du collimateur. — L' lentille de la lunette, donnant, après la réfraction à travers les prismes PP, un spectre positif AH reçu sur un verre dépoli. — D, diaphragme à ouverture variable servant à modifier et à mesurer l'intensité du spectre. — c, écran muni d'une fente f pour isoler les différentes parties du spectre.

est élargi en forme de pyramide, de manière que l'on puisse recevoir en même temps tout le spectre.

Pour modifier l'intensité du spectre, on a la ressource de la fente du collimateur; mais ce moyen, employé par Vierordt et autres, est tout à fait insuffisant. Il est nécessaire, pour des mensurations tant soit peu précises, de disposer un écran à ouverture variable en un point où les rayons émanés de la fente soient suffisamment étalés pour que l'on puisse graduer plus facilement la quantité de ces rayons qui vont former le spectre.

Si la fente est éclairée par une source lumineuse placée près d'elle, donnant des rayons divergents, cette fente étant au foyer de la lentille L du collimateur, les rayons utilisés pour la dispersion prismatique forment à la sortie de la lentille un faisceau cylindrique de rayons parallèles ayant le diamètre de la lentille. Si l'on juxtapose à la lentille un écran à ouverture variable D, on modifie facilement et d'une manière lentement progressive l'intensité du spectre en faisant varier l'ouverture de l'écran. On peut démontrer que l'intensité du spectre ou de chacune de ses parties est proportionnelle à la surface de l'ouverture de l'écran. L'ouverture de l'écran est un carré, la longueur du côté est indiquée en demi-millimètres sur une règle d'ivoire dont les valeurs seront élevées au carré pour donner la surface de l'ouverture. Mais cela n'est vrai que si la fente du collimateur laisse passer des rayons qui éclairent uniformément toute la surface de la lentille. C'est le cas où le spectre est obtenu à l'aide d'une source lumineuse placée près de la fente, ou d'un miroir réfléchissant la lumière des nuages. Il n'en est plus ainsi lorsque les rayons solaires tombent directement sur la fente ; la lentille ne reçoit et n'émet alors qu'un mince faisceau de rayons parallèles et l'intensité du spectre n'est plus proportionnelle à la surface de l'ouverture de l'écran. Si l'on veut utiliser la lumière solaire directe, il faut disposer au-devant du miroir de l'héliostat une lentille à court foyer et placer la fente du collimateur au foyer de cette lentille. On peut encore placer près du foyer de la lentille un verre dépoli qui disperse les rayons, et utiliser comme source lumineuse la surface éclairée de ce verre dépoli. C'est le moyen que j'emploie lorsque je me sers de la lumière solaire pour les expériences. En plaçant le verre dépoli plus ou moins près du foyer, on obtient une source lumineuse plus ou moins intense. La lumière solaire directe est d'un maniement très difficile et presque inutilisable pour les expériences dont je vais parler, où il est nécessaire d'opérer avec de faibles intensités, sous peine de s'exposer à des erreurs considérables.

On isole les différentes parties du spectre à l'aide d'un écran de laiton noirci percé d'une fente. Cet écran, placé au-devant du verre dépoli, est reçu dans une glissière de manière à pouvoir amener la fente au niveau des différentes parties du spectre.

La position des raies de Frauenhofer est préalablement déterminée à la lumière solaire et marquée au crayon sur le verre dépoli. De la sorte, on pourra toujours explorer les parties du spectre qui correspondent à ces raies, même avec un spectre continu tel que celui qu'on obtient avec les sources de lumière artificielles. Il suffira de faire coïncider la ligne du sodium, très facile à obtenir, avec la ligne D du verre dépoli. Du reste, comme le jaune pur, qui correspond à la ligne D, est très condensé dans le spectre, avec un peu d'habitude on arrive facilement, à l'aide de la fente de l'écran, à reconnaître la position de la raie D dans un spectre continu, sans qu'il soit nécessaire d'avoir recours au sodium.

L'écran porte sur son bord supérieur, dans le prolongement de la fente, une aiguille que l'on fait coïncider avec les raies du verre dépoli et qui permet d'amener immédiatement la fente sur la partie du spectre que l'on veut étudier, sans qu'il soit nécessaire de voir le spectre.

L'exploration du spectre, avons-nous dit, devra se faire dans deux conditions différentes : à la lumière du jour, c'est-à-dire lorsque l'œil est impressionné par la lumière ambiante, et dans l'obscurité.

Dans le premier cas, il faut éviter, autant que possible, que le verre dépoli, où se peint le spectre, réfléchisse la lumière diffuse ambiante. Ce résultat est en partie obtenu par l'écran à fente, mais le laiton noirci réfléchit encore beaucoup de lumière ; il est nécessaire de coller sur sa face antérieure du papier noir velouté très absorbant. En outre, à l'extrémité du tube qui supporte le verre dépoli, on ajuste un cadre en bois noirci C formant un manchon quadrangulaire de 5 à 6 centimètres de profondeur. Enfin, si l'on place un voile noir derrière l'observateur, si l'observateur se couvre la figure d'un morceau d'étoffe noire formant masque et ne présentant d'ouvertures que pour les yeux, on réduira au minimum la lumière réfléchie, et la fente éclairée par la couleur spectrale se dessinera sur un fond complètement noir.

La fente de l'écran a 15 ou 20 millimètres de hauteur, suivant celle du spectre. Sa largeur varie également avec la longueur du spectre et selon que l'on voudra avoir des radiations de longueur d'onde plus voisines. Pour un spectre lumineux de 8 centimètres, je me sers d'une fente d'un demi-millimètre de largeur. L'exploration de la fovea doit se faire à l'aide d'une ouverture très petite. Pour cela, on colle sur la fente un papier noirci dans lequel on pratique une ouverture avec la pointe d'une aiguille.

Pour l'exploration dans l'obscurité, le cadre en bois qui entoure le verre dépoli est remplacé par un cornet de 20 centimètres de longueur, également en bois noirci, muni à son sommet d'un œilleton. Ce cornet doit avoir une certaine mobilité dans le plan horizontal, de manière que, pour l'observation de chaque couleur, on puisse amener l'œilleton et par suite l'œil de l'observateur dans le plan d'incidence des rayons sur le verre dépoli. L'intensité de la couleur varie, en effet, suivant qu'on la regarde plus ou moins obliquement par rapport à ce plan.

Si les expériences ne sont pas faites dans un cabinet complètement obscur, l'observateur prendra encore la précaution de recouvrir sa tête et la lunette d'un voile noir. Il devra s'assurer d'ailleurs que l'œil, après un séjour d'une vingtaine de minutes dans l'obscurité, ne perçoit aucune lumière hétérogène, quand la fente du collimateur n'est pas éclairée. Ce résultat est assez difficile à obtenir. On y parvient cependant grâce aux précautions que j'indique et à quelques autres que l'observateur saura prendre de lui-même.

Une dernière question reste à résoudre. Pour mesurer le degré de sensibilité de la rétine aux différentes lumières du spectre, quelle sera notre unité de mesure?

Si par unité on entend une valeur rigoureusement fixe, disons immédiatement que, pour le physiologiste, l'unité de lumière n'existe pas. Le physicien peut concevoir une énergie lumineuse fixe, comme celle qui est fournie par un centimètre cube de platine à son degré de fusion, proposée par d'Arsonval, mais cette unité physique ou des fractions de cette unité déterminent sur la rétine non pas une réaction fixe, mais une réaction essentiellement variable. Or, ce que nous appelons « lumière » n'étant autre chose que cette réaction, il faut renoncer à trouver, comme unité de lumière, une valeur fixe[1].

Mais, si dans l'unité de lumière nous cherchons seulement un terme de comparaison nécessaire à toute mesure,

[1] D'après les faits que nous exposerons, on verra cependant qu'une valeur relativement fixe pourrait être obtenue pour le rouge pur.

nous trouvons cette unité, pour une lumière donnée, dans le minimum visible de cette lumière, lorsque la rétine a acquis son maximum de sensibilité par un séjour suffisamment prolongé dans l'obscurité, et pour les différentes lumières d'un spectre, dans le minimum le plus faible fourni par les différents rayons de ce spectre. Ce *minimum unité* est donné, non par le jaune spectral, où l'on place généralement le maximum d'intensité lumineuse du spectre, mais par le vert bleu entre les raies E et F.

Il est d'ailleurs facile de faire correspondre ce minimum unité avec la graduation 1 de l'appareil en modifiant l'intensité de la source lumineuse, à l'aide de la fente du collimateur.

II. — Faits expérimentaux

Ce dispositif va nous servir :

1° A déterminer la sensibilité de la rétine pour les différentes parties du spectre à la lumière du jour, c'est-à-dire lorsque la rétine est impressionnée par la lumière ambiante (rétine non adaptée) ;

2° A déterminer la sensibilité de la rétine pour le même spectre, lorsqu'elle a été soumise à l'obscuration pendant une vingtaine de minutes (rétine adaptée) ;

3° A comparer la sensibilité de la fovea à celle des autres parties de la rétine.

Le premier fait qui se dégage de la comparaison de la sensibilité de la rétine explorée à la lumière du jour et dans l'obscurité, c'est que l'accroissement de sensibilité qui caractérise l'adaptation nocturne *intéresse inégalement les rayons de longueur d'onde ou de réfrangibilité différentes.*

Nul pour le rouge, cet accroissement de sensibilité

augmente à mesure que l'on explore des régions plus rapprochées de l'extrémité violette, où il atteint des proportions considérables, ainsi que dans l'ultra-violet.

Le tableau suivant indique la sensibilité de la rétine pour les radiations voisines des raies de Frauenhœfer. Les deux valeurs placées au-dessous de chaque lettre expriment : la première, la sensibilité de la rétine adaptée ; la seconde, la sensibilité de la rétine non adaptée. Le degré de sensibilité est naturellement inversement proportionnel à la quantité de lumière qui représente le minimum visible.

Raies de Frauenhöfer. .	A	B	C	D	E	F	G	H
Rétine adaptée.	»	$\frac{1}{400}$	$\frac{1}{100}$	$\frac{1}{10}$	1	1	$\frac{1}{100}$	$\frac{1}{250}$
Rétine non adaptée . .	»	$\frac{1}{400}$	$\frac{1}{100}$	$\frac{1}{60}$	$\frac{1}{100}$	$\frac{1}{300}$	$\frac{1}{1500}$	?

Pour rendre la signification de ces chiffres plus immédiatement appréciable, traduisons-les par les deux courbes de la figure 2. Les différentes parties du spectre sont indiquées par les verticales, prolongement des raies de Frauenhœfer du schéma du spectre qui surmonte la figure. Les intensités minima nécessaires pour que ces différentes parties du spectre soient perçues, sont indiquées par les lignes horizontales.

La courbe inférieure *bg* exprime la sensibilité de l'œil non adapté ; la courbe supérieure *bh'* la sensibilité de l'œil adapté.

Remarquons d'abord que le sommet de chaque courbe, indiquant le maximum d'intensité lumineuse du spectre pour notre œil, n'est pas le même pour l'œil non adapté et pour l'œil adapté. Pour l'œil non adapté, ce maximum est dans le jaune en D, avec très peu de différence de C à E. Pour l'œil adapté, qui a séjourné vingt minutes dans l'obs-

curité, ce maximum se trouve en E, avec très peu de différence jusqu'à F. Il n'est donc pas exact de dire qu'un spectre a son maximum d'intensité dans telle ou telle partie,

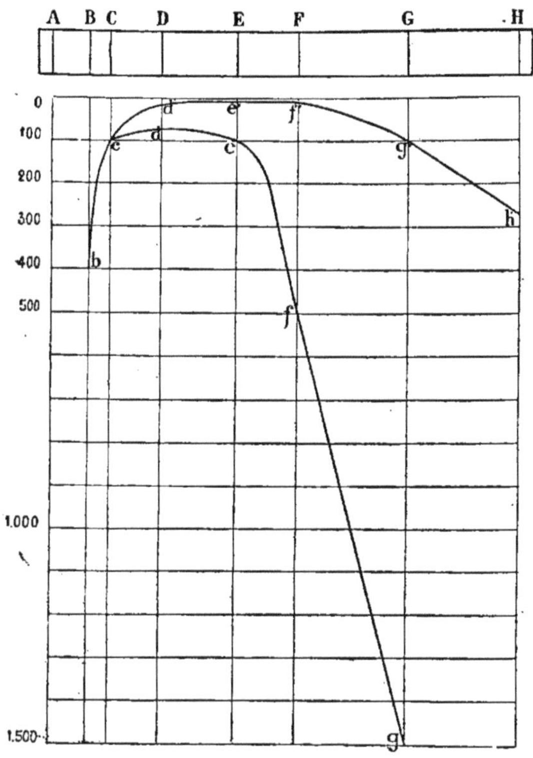

Fig. 2.

bh', courbe de sensibilité de la rétine adaptée. — *bg*, courbe de sensibilité
de la rétine non adaptée.

puisque *ce maximum se déplace suivant le degré d'adaptation
de l'œil.* Moins l'œil est adapté, c'est-à-dire plus l'éclairage
ambiant est intense, plus ce maximum se déplace vers le
rouge. Dans certaines expériences faites près d'une fenêtre

recevant directement la lumière solaire, j'ai trouvé le maximum en C. Plus l'œil est adapté, c'est-à-dire plus l'œil a séjourné dans l'obscurité, plus le maximum se déplace vers l'extrémité violette.

Nous voyons les deux courbes se réunir au niveau de la raie C, ce qui indique que, pour l'extrémité rouge, jusqu'en C, l'influence de l'adaptation est nulle. A partir de la raie C, les deux courbes s'écartent et la valeur des verticales comprises entre les deux courbes exprime l'accroissement de sensibilité produit par l'adaptation rétinienne. Ces valeurs pour les différentes régions du spectre sont les suivantes :

A	B	C	D	E	F	G	H
»	0	0	50	100	500	1400	?

Je ne saurais indiquer, avec une approximation suffisante, l'influence de l'adaptation au delà de la raie G du spectre. Mais il est permis d'admettre que la progression indiquée par ces chiffres se prolonge, non seulement jusqu'à l'extrémité du spectre visible, mais encore jusque dans le spectre ultra-violet, et l'on voit combien l'accroissement de sensibilité produit par l'adaptation doit être considérable pour les rayons de très courtes ondes. Effectivement, le spectre ultra-violet, dit invisible, devient parfaitement visible avec une adaptation suffisante de la rétine.

Les chiffres que nous donnons n'ont d'ailleurs qu'une valeur relative. Ils donnent la moyenne de plusieurs relevés faits avec un spectroscope à double prisme de flint et un bec Auer comme source lumineuse. L'intensité relative des différentes parties du spectre varie nécessairement suivant la source lumineuse et le pouvoir absorbant des substances réfringentes, mais ce ne sont pas les seules variables qui puissent modifier les résultats. Les plus importantes tiennent aux oscillations de la sensibilité, dont nous allons étudier la cause. S'il est relativement facile de déterminer la courbe de sensibilité de la rétine adaptée, il est beaucoup plus difficile d'arrêter celle de la rétine non adaptée, parce que l'une de ses extrémités est essentiellement oscillante suivant l'éclairage ambiant, et qu'il est très difficile d'obtenir un éclairage ambiant fixe à la lumière du jour. Je n'ai pu déterminer cette courbe avec quelque précision que jusqu'à la raie G.

Je rappelle encore qu'il ne saurait être question d'avoir une valeur fixe comme unité de lumière. Le minimum visible des rayons du spectre compris entre les raies E F, que nous avons pris comme unité de mesure, varie probablement suivant les individus. En outre, quand on n'a pas une grande habitude de ces expériences, on est exposé à prendre comme unité une valeur trop forte, parce que l'accroissement de sensibilité qui se produit dans l'obscurité augmente rapidement dans les premières minutes et paraît stationnaire après cinq à six minutes, alors qu'en réalité il augmente encore, mais très lentement, pendant une vingtaine de minutes environ. Si l'on n'est pas prévenu de ce fait, on est exposé à prendre comme unité une valeur cinq et même dix fois trop forte.

Ce ne sont donc pas les chiffres en eux-mêmes qu'il faut considérer, mais le fait qu'ils expriment et qui se dégage des expériences avec une grande netteté. Ce fait, c'est l'influence inégale de l'adaptation sur les rayons de longueur d'onde différente, influence d'autant plus grande que la longueur d'onde est plus petite.

Un point important à établir est celui qui concerne l'extrémité rouge du spectre. Il s'agit de savoir si l'influence de l'adaptation est seulement très faible pour cette couleur ou si elle est réellement nulle. C'est dans cette partie des expériences que je me suis aperçu de la difficulté d'obtenir des couleurs spectrales absolument pures, même avec un instrument bien construit et en prenant toutes les précautions pour qu'il ne pénètre aucune lumière dans l'appareil, en dehors de celle qui traverse régulièrement la fente du collimateur. Dans ces conditions, on a encore la dispersion par les lentilles et les prismes, la réflexion par les parois, même tapissées par du papier velours très absorbant.

Etant donnée l'influence considérable de l'adaptation sur la lumière bleue et violette, il suffira d'une centième et même d'une millième partie de ces lumières mêlée au rouge pour vicier les résultats. Effectivement, même avec les précautions que je viens d'indiquer, on trouve que la vision du rouge est légèrement modifiée par l'adaptation. Mais si l'on place au-devant de la fente du collimateur un verre rouge sensiblement monochromatique, on supprime la cause d'erreur résultant de la dispersion et des réflexions. Dans ces conditions, on a un rouge absolument pur. Or, avec un pareil rouge, on constate que l'influence de l'adaptation est nulle.

En disant que l'influence de l'adaptation rétinienne est nulle pour le rouge, je ne prétends pas qu'une rétine qui vient d'être impressionnée par une vive lumière, percevra le rouge avec la même facilité qu'une rétine qui a été mise au repos. Ceci nous amène à établir une distinction entre le repos de la rétine et son adaptation à l'obscur. Jusqu'ici, on a confondu ces deux influences ; on a expliqué par le repos ce qui est le résultat d'une fonction tout à fait spéciale, dont nous allons préciser le mécanisme physiologique.

La fatigue et le repos du nerf optique ont un rôle très acces-
soire dans les oscillations de la sensibilité visuelle que
nous étudions ; ce rôle existe cependant pour le nerf optique
comme pour les autres nerfs, et il faut en tenir compte.
Le défaut d'influence de l'adaptation sur la vision du rouge
s'établit surtout par les autres caractères de cette fonction
que nous allons étudier, et, en particulier, par la comparaison de la sensibilité de la fovea et des parties voisines
sur la rétine adaptée.

L'adaptation rétinienne présente un second caractère non
moins remarquable que son action élective pour les lumières
de courtes ondes. L'accroissement de sensibilité de la rétine
soumise à l'obscuration ne porte pas sur la sensation totale
que déterminent dans notre œil les radiations simples,
sensation qui se compose de deux éléments distincts : la
sensation lumineuse proprement dite et la sensation de
couleur. *L'accroissement de sensibilité ne porte que sur l'intensité lumineuse de la couleur qui, tout en paraissant plus
lumineuse, devient moins saturée.* L'effet produit par cette
modification subjective de l'appareil visuel est à peu près
le même que si l'on ajoutait de la lumière blanche à la
couleur observée. Finalement, la sensibilité pour la lumière
devient tellement prépondérante sur celle de la couleur
que, sous une faible intensité, *la couleur la plus pure est vue
blanche*, ou tout au moins donne une sensation lumineuse
particulière dans laquelle il n'est plus possible de distinguer la couleur qui la détermine. Cela n'est vrai, bien
entendu, que pour les radiations dont la perception est
modifiée par l'adaptation rétinienne. Le rouge, dont la
perception n'est pas influencée par cette adaptation, reste
toujours rouge, quel que soit le degré d'adaptation de la

rétine, quelle que soit l'intensité de la couleur, pourvu qu'elle soit pure.

Les intensités de la courbe *bh* donnent donc, à partir de C, un *spectre incolore*.

De ces deux propriétés de la rétine, il résulte que certaines conditions subjectives font varier l'intensité lumineuse et la saturation des couleurs. En d'autres termes, l'excitant restant le même, la sensation varie et d'intensité et de qualité.

Cette modification fonctionnelle de la rétine soumise à l'obscuration, qui augmente d'une manière si remarquable sa sensibilité pour certaines radiations, tout en altérant la sensation de couleur que déterminent ces radiations, *cette modification fait défaut dans la fovea*, c'est-à-dire dans la partie de la rétine qui, fonctionnellement, est la plus importante, celle qui sert à la vision centrale. C'est le troisième fait que nos expériences mettent en évidence.

L'exploration de la sensibilité de la fovea offre des difficultés particulières, qui tiennent précisément à ce qu'elle ne participe pas à l'accroissement de sensibilité qui caractérise la rétine adaptée. Il en résulte qu'elle devient beaucoup moins sensible pour certaines radiations que les parties voisines. Il en résulte encore que dans l'exploration de ces radiations, nous avons de la tendance à fixer l'objet lumineux non avec la fovea, mais avec les parties voisines, beaucoup plus sensibles. On parvient cependant à surmonter cette difficulté en procédant de la manière suivante :

Sur la fente de l'écran destiné à isoler les différentes parties du spectre, on colle un papier noir et, dans ce papier, on pratique une petite ouverture avec la pointe d'une aiguille. De la sorte, la lumière à explorer se présente sous forme d'un point lumineux. Sur ce point, on fait passer mentalement une verticale et l'on s'exerce à promener lentement le regard le long de cette verticale imaginaire de haut en bas et de bas en haut. Si l'on n'a pas donné au point lumineux une trop forte intensité, on remarquera qu'à certains moments il disparaît : c'est lorsque l'image de ce point se forme sur la fovea. On s'efforce alors de maintenir le regard immobile et l'on augmente l'intensité du point lumineux jusqu'à ce qu'il apparaisse de nouveau, c'est-à-dire jusqu'à ce que son intensité soit assez forte pour qu'il impressionne la fovea. Après quelques épreuves de contrôle, on arrive sans trop de difficultés à déterminer le degré de sensibilité de la fovea pour la lumière en question. On la compare alors avec celle des parties voisines en déplaçant plus ou moins le regard ; cette seconde détermination n'offre aucune difficulté.

La partie du champ visuel central où cette insensibilité atteint son maximum est assez restreinte. Autour existe une zone où la différence avec la sensibilité périphérique tend à s'effacer. La délimitation exacte est très difficile à établir, d'abord à cause de la difficulté d'immobiliser l'œil dans ces conditions, puis à cause de la difficulté d'accommoder monoculairement pour un point lumineux dans l'obscurité et des cercles de diffusion qui se produisent, etc. En comparant ainsi, sur la rétine adaptée, la sensibilité de la fovea avec celle des parties périphériques, pour les différentes radiations, on voit immédiatement que *cette différence, nulle pour le rouge, augmente à mesure que l'on explore des radiations plus voisines du violet.* C'est-à-dire que, si l'on exprime cette différence par deux courbes, on obtient un rapport semblable à celui que donne la sensibilité générale de la rétine adaptée et non adaptée (fig. 2). On remarque aussi que cette différence entre la sensibilité de la fovea et celle des parties voisines tend à s'effacer quand l'éclairage ambiant est intense et qu'elle augmente à mesure que la rétine séjourne dans l'obscurité.

La fovea ne participe donc pas à l'accroissement de sensibilité qui caractérise l'adaptation de la rétine soumise à l'obscuration.

Il résulte de ce que je viens de dire que la fovea peut donner, en toute circonstance, la mesure de la sensibilité de la rétine non adaptée et probablement d'une manière plus exacte que de la façon dont nous avons établi la courbe *bg* (fig. 2), car cette courbe exprime l'état de la sensibilité rétinienne avec un éclairage ambiant de moyenne intensité, et non l'état de non-adaptation absolue, qui est très difficile à réaliser[1].

Il me reste une dernière particularité à signaler en ce qui concerne la sensibilité de la fovea. *Dans la fovea, les lumières simples déterminent primitivement une sensation de couleur, quelle que soit l'intensité de ces lumières, que la rétine soit ou ne soit pas adaptée.* Cette particularité importante est une conséquence de la non-participation de la fovea à l'adaptation nocturne, car nous savons que la sensation de lumière incolore donnée par les lumières simples de faible intensité est le résultat de l'adaptation de la rétine.

Sur la rétine adaptée, on constate donc que la sensation de lumière incolore obtenue avec les lumières simples de

---

[1] Mon instrument ne permet pas d'établir d'une manière suffisamment exacte la courbe de sensibilité de la fovea et des parties périphériques sur la rétine adaptée, parce qu'il ne donne pas des différences d'intensité assez grandes pour que les mensurations puissent être faites directement avec la même intensité de la source lumineuse. En le faisant construire, je ne soupçonnais pas que j'aurais à mesurer des différences aussi considérables.

faible intensité sur les parties périphériques, fait défaut dès que l'image lumineuse est limitée à la fovea. Le fait est facile à établir pour la plupart des radiations. On éprouve quelques difficultés pour le jaune et le violet extrême. Pour le jaune, cela tient sans doute à ce que nous avons l'habitude de juger blanches des lumières artificielles où le jaune prédomine. Pour le violet, les difficultés sont d'un autre ordre. Elles tiennent à la grande sensibilité des parties voisines de la fovea pour la valeur blanche du violet, aux phénomènes de dispersion qui se produisent nécessairement dans les milieux de l'œil, enfin à la fluorescence de ces milieux. Mais ces exceptions, ou plutôt ces causes d'erreur, n'infirment en rien la loi générale.

III. — Déductions physiologiques

Trois faits, et les conséquences qu'ils impliquent, se dégagent de ces expériences :

1° *L'accroissement de sensibilité de la rétine, qui caractérise l'adaptation à l'obscur, intéresse inégalement les lumières de longueur d'onde différente; il est d'autant plus grand que la longueur d'onde est plus petite.* L'influence de l'adaptation, nulle pour le rouge spectral, devient considérable pour le violet et l'ultra-violet.

2° *Cet accroissement de sensibilité ne porte que sur la valeur lumineuse de la lumière simple.* La couleur paraît plus lumineuse et moins saturée. Finalement, après un séjour suffisant dans l'obscurité, les couleurs spectrales les plus pures, sous une faible intensité, sont perçues à l'état de lumière incolore, le rouge excepté.

3° *Cet accroissement de sensibilité fait défaut dans la fovea.* La fovea ne participe donc pas à l'adaptation rétinienne.

La sensation de couleur n'étant pas altérée par l'adaptation dans la fovea, les lumières simples y sont toujours perçues comme couleur.

Une particularité anatomique de la rétine va nous permettre de déduire de ces faits les fonctions des deux espèces d'éléments, les *bâtonnets* et les *cônes*, qui composent la couche sensible de la rétine.

On sait que la partie principale de la rétine qui se trouve sur le prolongement de l'axe visuel, sur laquelle vient se peindre l'image de l'objet fixé, la *fovea* ou fossette centrale ne contient que des cônes ; elle est dépourvue de bâtonnets et de pourpre visuel ou *érythropsine*. Cette partie, constituée uniquement par des cônes, est d'ailleurs très restreinte ; elle n'a guère que trois dixièmes de millimètre d'étendue.

L'absence de bâtonnets dans la fovea a été reconnue depuis longtemps par Henle et confirmée depuis par un grand nombre d'anatomistes.

Kuhne a démontré que le pourpre n'existe dans la rétine que là où il y a des bâtonnets. Il fait totalement défaut dans les espèces animales dont la rétine ne renferme que des cônes (pigeon, poulet, couleuvre). Il existe, au contraire, en abondance dans les espèces où les bâtonnets prédominent ou même existent exclusivement (chouette, anguille). Même constatation sur la rétine humaine. Seuls les bâtonnets sont colorés par le pourpre qui imbibe leur article externe ; les cônes et, par suite, la fovea, en sont dépourvus.

L'absence de bâtonnets et de pourpre dans la fovea, maintes fois confirmée, est un fait acquis à la science.

On est naturellement amené à penser que les différences de sensibilité que présente la fovea sont en rapport avec ces différences de structure.

Puisque l'accroissement de sensibilité de la rétine soumise à l'obscuration fait défaut dans la fovea, qui ne contient que des cônes, il faut en conclure que ces éléments y sont étrangers.

Puisque l'accroissement de sensibilité se produit dans les parties de la rétine qui renferment des bâtonnets et du pourpre visuel, il faut en conclure que cette fonction leur appartient.

Puisque cet accroissement de sensibilité nocturne, fonction des bâtonnets et du pourpre, ne porte que sur la sensation lumineuse et non sur la sensation chromatique, qu'il altère au contraire, il faut en conclure que ces éléments sont étrangers à la perception des couleurs.

Puisque l'excitation des cônes de la fovea par les lumières simples donne toujours et exclusivement une sensation de couleur, il faut en conclure que ces éléments sont préposés à la fonction chromatique.

En fait, les deux espèces d'éléments rétiniens, les cônes et les bâtonnets, ont des fonctions tout à fait distinctes dans la vision.

Le mode d'excitation de la lumière est différent pour les bâtonnets et les cônes. La lumière agissant sur la rétine y détermine des modifications physiques directement appréciables. On en connaît trois d'une manière assez complète ; ce sont : les modifications du pourpre rétinien (Boll, Kuhne) ; la migration du pigment (Brüke, Boll, Czerny, Angelucci, Kuhne) ; les modifications de forme des cônes (Angelucci, Van Gederen, Stort, Engelmann).

Il y a toutefois une distinction à établir dans ces modifications de la rétine objectivement appréciables. Le changement de forme des éléments nerveux et la migration du pigment peuvent être produits par des agents physiques *autres que la lumière*, par un courant électrique, par la chaleur et même par le son. Ils peuvent également être le résultat d'une excitation nerveuse réflexe (Engelmann). Par contre, le pourpre ne semble pouvoir être modifié que par la lumière. Cette particularité lui assure un rôle prépondérant comme élément spécifique.

Le pourpre visuel n'imbibe que l'article externe des bâtonnets, et il fait défaut là où il n'y a que des cônes. Il est directement en rapport avec l'action de la lumière sur les bâtonnets. C'est là le fait fondamental qui différencie le mode d'excitation par la lumière des deux ordres d'éléments.

Le pourpre est sécrété par la couche épithéliale pigmentée. Il y a, en outre, une corrélation évidente entre la migration des cellules pigmentaires le long des bâtonnets et la destruction du pourpre par la lumière. Toutefois, la migration du pigment ne paraît pas être sous la dépendance immédiate des modifications du pourpre. Cette migration se produit, bien que d'une manière moins évidente, sur les rétines des reptiles dont la couche à mosaïque se compose seulement d'épithélium pigmenté et dont la rétine ne contient que des cônes, sans bâtonnets et par suite sans pourpre (Angelucci).

La sensation que nous donnent les bâtonnets et les cônes est différente. Cela ressort clairement de nos expériences. L'accroissement de sensibilité de la rétine soumise à l'obscuration, fonction des bâtonnets et du pourpre, ne porte que sur la clarté ou l'intensité lumineuse de la couleur. La couleur observée, en même temps qu'elle paraît plus lumineuse, paraît moins saturée. Le résultat de cette modification subjective de la sensibilité visuelle est comparable à l'addition de lumière blanche à la couleur, de telle sorte que la saturation d'une couleur ne dépend pas seulement de sa pureté plus ou moins grande, mais aussi du degré d'adaptation de la rétine. Sous une intensité suffisamment faible, la couleur la plus pure devient incolore, parce que, avec cette intensité, elle est impuissante à exciter les cônes ; elle n'excite que les bâtonnets, susceptibles d'être impressionnés par des quantités de lumière beaucoup plus faibles, grâce à l'action du pourpre visuel. Nous pouvons donc conclure que *les bâtonnets ne nous donnent qu'une sensation de lumière incolore*.

Dans la fovea, au contraire, une lumière simple suffisamment pure est perçue primitivement comme couleur, quelle que soit l'intensité de cette lumière, que la rétine soit ou ne soit pas adaptée. C'est là un fait que l'on peut, je crois, considérer comme une loi, si l'on tient compte des causes d'erreur que j'ai signalées. Nous pouvons donc conclure que *l'impression des cônes par les radiations simples nous donne primitivement une sensation de couleur*. C'est l'impression des cônes qui, dans les centres visuels, se spécialise en sensation de couleur, en supposant ces centres intacts, tandis que l'impression des bâtonnets ne peut y déterminer qu'une sensation de lumière incolore.

Il n'est pas exact de dire : les bâtonnets sont affectés à la perception de la lumière, les cônes à la perception des couleurs. En posant ainsi la question, on crée un élément de confusion d'autant plus regrettable que cette confusion a été déjà établie par la distinction entre le *sens de la lumière* et le *sens des couleurs*.

Qu'entend-on par sens de la lumière ? Sans doute la fonction des bâtonnets et du pourpre ; mais alors il faudrait conclure qu'il n'y a pas de sens de la lumière dans la fovea, et que les animaux privés des bâtonnets n'ont pas le sens de la lumière ? J'ai cherché à prévenir cette confusion en intitulant une de mes communications à l'Académie des sciences : *Sur l'existence de deux modes de sensibilité à la lumière* (1885). Mais le besoin de simplifier a prévalu.

En réalité, les cônes, en nous donnant une sensation de couleur, nous donnent aussi une sensation de lumière, et ils peuvent, comme chez les daltoniens, nous donner une sensation de lumière sans sensation de couleur. Il est d'ailleurs possible que, dans les parties les plus périphériques de la rétine qui ne perçoivent pas les couleurs, sans être totalement dépourvues de cônes, ces éléments réagissent comme chez les daltoniens, c'est-à-dire par une sensation de lumière incolore. Il faudrait donc admettre deux sens de la lumière, mais il est plus physiologique de dire qu'il y a dans la rétine humaine deux réactions lumineuses différentes, deux modes de sensibilité à la lumière.

De ces deux modes de sensibilité, l'un, celui des cônes, ou éléments dépourvus de pourpre, est relativement fixe, autant, du moins, que le comportent les phénomènes de sensibilité. L'autre, celui des bâtonnets et du pourpre, fait varier l'intensité de la sensation lumineuse dans des proportions extraordinaires, suivant l'éclairage ambiant. De plus, il la fait varier d'une manière très inégale, suivant la réfrangibilité des lumières ; il la fait varier en modifiant non seulement l'intensité, mais la qualité de la sensation que les radiations simples déterminent sur notre œil.

Ces variations sont dans l'essence de la fonction, mais la fonction elle-même est sous la dépendance de la production du pourpre, c'est-à-dire d'une véritable sécrétion qui, vraisemblablement, présente des différences individuelles et, chez le même individu, varie suivant l'état de sa nutrition, comme j'ai pu le constater sur moi-même. Certains troubles de la nutrition générale vont jusqu'à abolir plus ou moins complètement cette fonction des bâtonnets et du pourpre : ce sont celles qui déterminent l'héméralopie.

Quelle valeur peuvent avoir les mensurations de la sensibilité visuelle où il n'a pas été tenu compte de ces propriétés de la rétine ? Même en tenant compte de ces propriétés, les chiffres par lesquels on exprime la sensibilité de l'œil à la lumière ou aux couleurs ne peuvent avoir qu'une valeur très relative.

En disant que c'est l'excitation des cônes qui se spécialise en sensation de couleur, je n'ai rien présumé sur le processus qui donne lieu à la multiplicité de nos sensations de couleurs. La question se trouve ainsi limitée, en ce qui concerne les fonctions de la rétine, mais en réalité elle persiste tout entière. Nous la discuterons plus loin.

Il y a donc dans la rétine humaine comme deux rétines fusionnées ensemble, celle des bâtonnets et celle des cônes. Ces deux rétines combinent évidemment leur action dans la sensation résultante, mais elles n'en ont pas moins des attributs fonctionnels parfaitement distincts.

Les bâtonnets et le pourpre sont en rapport avec une fonction particulière, *l'adaptation rétinienne*, l'adaptation aux faibles intensités de lumière qui nous permet de voir encore convenablement avec des éclairages relativement faibles, comme celui du crépuscule, celui de la lune, celui des lumières artificielles qui éclairent les rues ou nos appartements. Mais avec les seuls bâtonnets nous n'aurions que la sensation du clair et de l'obscur, nous ne connaîtrions pas les couleurs.

Les cônes constituent les éléments fondamentaux de la rétine humaine. Ils nous donnent non seulement la sensation du clair et de l'obscur, mais aussi les sensations innombrables des couleurs. Il est évident qu'ils ont aussi le rôle principal dans la faculté de la rétine de différencier les impressions lumineuses géométriquement distinctes, d'où résulte la perception des formes ou acuité visuelle proprement dite. L'acuité visuelle, en effet, n'atteint toute sa perfection que dans la fovea, où il n'y a que des cônes. Elle baisse rapidement en dehors de la fovea et dans les parties périphériques de la rétine où les cônes deviennent de moins en moins nombreux. Le mode d'excitation des bâtonnets, qui se fait par l'intermédiaire du pourpre, ne se prête guère qu'à des sensations plus ou moins diffuses. Le mode d'excitation des cônes est mieux en rapport avec les propriétés isolatrices de la rétine. Les travaux de Ramon y Cajal sur la structure de la rétine plaident d'ailleurs dans le même sens. Ils montrent que chaque cône est en rapport avec une cellule bipolaire, tandis qu'une seule cellule bipolaire est affectée à plusieurs bâtonnets.

IV. — Nature de l'action du pourpre rétinien. Rôle de la fluorescence

Comment le pourpre visuel produit-il cette singulière modification de la rétine qui augmente sa sensibilité dans des proportions si considérables pour certaines radiations?

On peut supposer, ou que le pourpre modifie l'élément nerveux, le bâtonnet, en augmentant son excitabilité, à la manière de la strychnine par exemple; ou bien encore, qu'il augmente l'intensité de l'excitation.

Si l'on n'envisage que le fait brut de l'accroissement de sensibilité, la première explication est celle qui se présente naturellement à l'esprit. Elle trouve d'ailleurs quelque appui dans ce fait que le pourpre régénéré ne reste pas simplement au contact du bâtonnet, mais qu'il imbibe réellement l'élément nerveux.

Cette interprétation est cependant insuffisante. On s'explique difficilement par ce processus une augmentation de sensibilité aussi considérable que celle qui se produit pour les radiations bleues et violettes, et on ne s'explique pas du tout pourquoi les radiations rouges ne bénéficient pas de cet accroissement de l'excitabilité nerveuse.

L'action du pourpre visuel est due à sa fluorescence.

On sait que les substances fluorescentes rendent visibles les rayons chimiques. Mais ces rayons peuvent devenir visibles sans le secours d'aucune substance fluorescente. Si, au moyen d'appareils spéciaux, dit Helmholtz, on supprime complètement les autres rayons, aussitôt les rayons ultra-violets deviennent facilement visibles, même jusqu'à l'extrémité du spectre solaire. Helmholtz avait soupçonné que la visibilité des rayons chimiques pouvait tenir aux propriétés fluorescentes de l'œil, et ce sont les expériences entreprises dans ce but qui lui firent découvrir la fluorescence de la rétine. Mais cette fluorescence, selon lui, ne serait guère supérieure à celle du papier et n'expliquerait pas la vision des rayons ultra-violets, car, outre que cette fluorescence est faible, la teinte verdâtre de la lueur émise par la rétine diffère trop de celle que nous donne la perception des rayons ultra-violets[1].

Setschenow, reprenant les mêmes expériences, conclut dans le même sens, c'est-à-dire que la fluorescence de la rétine n'est pas la cause de la visibilité des rayons ultra-violets. Il croit cependant qu'on peut expliquer par la fluorescence des milieux transparents situés au-devant de la

---

[1] Helmholtz. *Poggend. Ann.*, XCIV, p. 205.

rétine, par celle du cristallin en particulier, la sensation générale de lumière émise dans l'œil par les rayons ultra-violets[1].

Edmond Becquerel, après avoir constaté qu'en se plaçant dans certaines conditions, l'œil peut voir non seulement les rayons chimiques, mais les raies obscures de cette partie du spectre, dit en terminant : « Mais ne serait-ce pas par une action particulière de phosphorescence des liquides de l'œil que cet effet serait produit[2] ? »

Les recherches d'Helmholtz et de Setschenow ont été faites avant la découverte du pourpre par Boll. Les travaux de Ewald et Kuhne[3] ont établi surabondamment que la rétine doit ses propriétés fluorescentes au pourpre visuel. Les bâtonnets sont seuls fluorescents. Ceux de la périphérie de la rétine, en arrière de l'*ora serrata*, qui sont dépourvus de pourpre, ne sont pas fluorescents. Les propriétés fluorescentes du pourpre varient d'ailleurs suivant les modifications que la lumière lui a fait subir. Le pourpre visuel proprement dit donne la fluorescence blanche ; le jaune visuel ou pourpre modifié a la fluorescence verte ; la couleur verte s'accuse avec le blanc visuel, dernière transformation du pourpre par la lumière. Enfin, en comparant la fluorescence de deux rétines blanchies différemment, l'une par exposition à la lumière après l'extraction de l'œil, l'autre par exposition à la lumière sur l'animal vivant, on trouve que la fluorescence de la première rétine est plus forte que celle de la seconde, qui l'est très peu.

On s'explique que Helmholtz et Setschenow, qui exami-

---

[1] SETSCHENOW. *Græfe's Archiv*, Bd V, 2, p. 205, 1859.

[2] Ed. BECQUEREL. *La Lumière, ses causes et ses effets*, t. I, p. 145, 1867.

[3] EWALD et KUHNE. *Recherches sur le pourpre visuel*. Laboratoire de physiologie de l'Université de Heidelberg, fasc. II, p. 169-185.

naient des rétines sans avoir pris la précaution de mettre
l'animal dans l'obscurité, c'est-à-dire des rétines *blanchies
sur le vivant*, aient trouvé cette membrane très peu fluorescente. L'objection tirée de la faible fluorescence de la rétine
pour éliminer son rôle dans la perception des rayons ultra-
violets n'est donc pas suffisante. Celle tirée de la différence
entre la coloration verte de la fluorescence objective de la
rétine sous l'excitation des rayons ultra-violets, et la sensation de blanc ou de gris lavande déterminée par ces
mêmes rayons sur notre œil, tombe également, puisque la
coloration verte découverte par Helmholtz n'existe que sur
le pourpre modifié par la lumière ; la fluorescence devient
blanchâtre sur la rétine soumise à l'obscuration et avec le
pourpre proprement dit. Au surplus, l'argument est mauvais pour une autre raison, car nous avons vu qu'il n'y a
pas une corrélation nécessaire entre les propriétés objec-
tives de l'agent lumineux et la sensation qu'il détermine,
surtout dans les conditions où les rayons chimiques deviennent visibles, c'est-à-dire avec une rétine qui doit être au
maximum d'adaptation nocturne. Nous savons que, dans ces
conditions, les couleurs les plus pures peuvent être perçues
comme lumière incolore.

Ces objections écartées, nous nous trouvons donc en
présence de ce fait : l'existence dans la rétine d'une substance fluorescente et la probabilité que, dans la visibilité
des rayons ultra-violets, le pourpre joue le même rôle que
les autres substances fluorescentes employées pour rendre
visibles les rayons chimiques.

Rentrons maintenant dans notre sujet, en faisant remarquer que la visibilité des rayons ultra-violets n'est qu'une
conséquence de la propriété générale qu'a la rétine de
devenir extrêmement sensible aux radiations les plus

réfrangibles du spectre quand on la soumet à l'obscuration. Helmholtz et tous ceux qui ont fait des observations sur la visibilité du spectre chimique, insistent sur la nécessité de bien voiler les autres parties du spectre. Ce n'est pas précisément parce qu'on voile les autres parties du spectre, que les rayons chimiques deviennent visibles, c'est parce que, pour les voir, il faut que la rétine soit fortement adaptée par l'obscuration et que les radiations du spectre, normalement visibles, détruisent l'effet de l'obscuration, comme la lumière diffuse ambiante.

Nos expériences démontrent que l'accroissement de sensibilité de la rétine soumise à l'obscuration est une fonction du pourpre visuel. Elles démontrent également que la fluorescence du pourpre intervient dans cette fonction.

Remarquons d'abord que la fluorescence du pourpre augmente par le séjour dans l'obscurité et qu'elle disparaît presque complètement quand la rétine a été suffisamment exposée à la lumière sur le vivant. Or, les modifications de la sensibilité rétinienne, dont le pourpre est la cause, se produisent dans le même sens. C'est déjà une présomption que les deux phénomènes sont liés l'un à l'autre.

Signalons encore que, lorsque la rétine a été soumise à l'obscuration et qu'elle a acquis ses propriétés fluorescentes par la régénération du pourpre, la sensation développée sur cette rétine par les différentes lumières, la bleue et la violette spécialement, présente la plus grande ressemblance avec celle que donnent à notre œil les corps fluorescents. *Cette sensation est quelque chose de spécial*, et cette particularité a dû frapper ceux qui ont fait des expériences sur le spectre ultra-violet.

Mais nous avons une preuve plus directe du rôle de la fluorescence du pourpre.

On sait que ce qui caractérise la fluorescence proprement dite, ou diffusion épipolique, c'est l'absorption par le corps fluorescent de certaines radiations de la lumière incidente et la restitution de ces mêmes radiations transformées. D'après une loi établie par Stokes, la lumière émise est toujours d'une réfrangibilité moindre que la lumière absorbée. On sait, d'autre part, que ce sont les radiations violettes et ultra-violettes qui sont les plus aptes à développer la fluorescence. Si l'on fait tomber un spectre sur différentes substances fluorescentes, pour un grand nombre, le phénomène n'est appréciable que dans la région ultra-violette et violette du spectre. Avec certaines substances, la fluorescence est visible dans les parties les moins réfrangibles, mais elle va en s'atténuant à mesure qu'on approche du rouge. Pour l'esculine, le bisulfate de quinine, le verre d'urane, elle s'étend jusqu'à la raie F ; pour le curcuma et le gaïac, jusqu'à la raie D. Mais on ne l'a pas observée au delà. Personne, que je sache, n'a développé la fluorescence avec les rayons rouges.

Comment ne pas être frappé de la similitude qui existe entre ce caractère de la fluorescence et l'action du pourpre sur la sensibilité de la rétine ? Cette action, surtout prononcée pour les rayons violets et ultra-violets, diminue à mesure qu'on observe des couleurs moins réfrangibles et devient nulle pour le rouge. N'est-ce pas la preuve que cette action du pourpre est due à sa fluorescence ?

Je ne crois pas cependant que l'on puisse identifier d'une manière complète l'action du pourpre visuel avec la fluorescence ou phosphorescence que l'on développe dans les substances inorganiques. Dans ce cas, l'absorption de la lumière par le corps fluorescent et sa restitution avec une réfrangibilité moindre ; ne paraissent s'accompagner d'aucun dégagement d'électricité ou de chaleur. Il n'y a, malgré les apparences, aucun accroissement de l'énergie de l'agent lumineux ; le phénomène est de nature exclusivement physique. Dans la phosphorescence produite par les matières organiques en décomposition, il est probable qu'il n'en est pas ainsi. Dans la lumière phosphorescente émise par certains animaux vivants, il est certain qu'il n'en est plus ainsi. Des expériences déjà anciennes de Macaire, de Matteuci, celles plus récentes et très complètes de Raphaël Dubois[1], ont démontré, entre autres particularités, que la lumière produite par les pyrophores disparaît si on les prive d'oxygène, si on les place dans le vide ou dans l'acide carbonique ; qu'elle reparaît si on met de nouveau l'animal dans un milieu oxygéné. La production de la lumière est liée à un phénomène d'ordre physico-chimique, qui est lui-même sous la dépendance plus ou moins directe de l'action vitale. D'autre part, le rôle de la fluorescence proprement dite est démontré par l'existence d'une substance fluorescente dans l'organe qui est le siège de la lumière. Après avoir trituré la matière que l'on trouve dans ces organes, si on filtre le résidu dilué dans l'eau, on obtient un liquide privé de toute trace d'organisation et cependant très fluorescent.

Ce que nous savons du fonctionnement des organes lumineux des pyrophores nous permet de nous rendre plus complètement compte de l'action intime du pourpre dans la vision.

Cette action où domine la fluorescence ne paraît pas

---

[1] Raphaël Dubois. Les Élatérides lumineux. Contribution à l'étude de la production de la lumière par les êtres vivants. *Thèse de doctorat ès sciences naturelles*, 1886. Voyez aussi les articles du même auteur publiés dans la *Revue générale des Sciences* du 15 juin et du 30 juillet 1894.

d'ordre purement physique, mais physico-chimique et capable de produire de l'énergie. C'est du moins ce que semblent prouver les expériences de Holmgreen, de Dewar et de Joannès Chatin.

Dewar[1] reconnut en 1874, c'est-à-dire avant la découverte du pourpre par Boll, que l'action de la lumière sur la rétine s'accompagne d'un développement de force électro-motrice mesurable au galvanomètre. Il reconnut l'influence de la fatigue rétinienne sur la force du courant, l'action inégale des couleurs de réfrangibilité différente. Les expériences de Joannès Chatin[2] confirment celles de Dewar. Elles établissent le rôle de l'obscuration sur l'intensité du courant, l'action inégale des différentes radiations, *la force plus grande du courant dans les espèces où prédomine le pourpre, comme chez les homards*.

Nul doute que le courant de Dewar n'ait sa principale cause dans la réaction physico-chimique dont le pourpre est le siège, ainsi que l'avait soupçonné Giraud-Teulon[3]. Cependant, toute mise en activité de l'énergie vitale, quel que soit le tissu qui en est le siège, semble s'accompagner d'une modification analogue de la force électro-motrice. Mais, si l'on considère que le courant de Dewar ne se développe bien manifestement que si l'on soumet au préalable l'animal à l'obscuration, si l'on considère encore que les lumières de réfrangibilité différente le développent inégalement et que *le rouge ne le développe pas*, on trouve, dans la concordance de ces faits avec nos expériences, la preuve

[1] James DEWAR. L'action physiologique de la lumière. *Institution royale de la Grande-Bretagne*, lectures du vendredi soir, 1875.

[2] Joannès CHATIN. *De la chromopsie chez les Batraciens, les Crustacés et les Insectes*, 1881.

[3] GIRAUD-TEULON. Fixation des images rétiniennes. *Bull. de l'Acad. de Méd.*, 1879.

que ce dégagement d'électricité n'est pas le résultat de la réaction banale que l'on peut obtenir avec tous les tissus, et il devient évident que la cause principale de ce courant réside dans la réaction physico-chimique dont le pourpre est le siège.

Cela admis, on s'explique bien plus facilement comment le pourpre développe d'une manière si considérable la sensibilité rétinienne pour certaines radiations. La fluorescence physique du pourpre joue évidemment un rôle, mais il ne semble pas qu'on puisse expliquer le phénomène seulement par le changement de réfrangibilité de la lumière incidente, par la transformation des radiations chimiques invisibles en radiations visibles. Si, à l'action physique de la fluorescence du pourpre se joint une action d'ordre chimique capable de développer de l'énergie, comme dans l'organe lumineux des pyrophores, le phénomène trouve une explication plus naturelle et plus satisfaisante.

Remarquons, en passant, que ce processus capable de produire de l'énergie peut nous donner l'explication de la *lumière propre de la rétine*, sur laquelle Gœthe et Helmholtz ont appelé l'attention, sans en trouver la cause. Je crois toutefois que l'excitation des centres cérébraux intervient aussi dans la production des sensations subjectives de lumière.

V. — Concordance des faits fournis par l'expérimentation physiologique, par la pathologie, par l'anatomie comparée.

Je viens de définir, à l'aide de l'expérimentation physiologique, les fonctions essentielles de la rétine, celles des cônes, celles des bâtonnets et du pourpre rétinien.

La clinique fournit un supplément de preuves. L'étude de l'héméralopie m'avait conduit antérieurement aux mêmes conclusions, et c'est sans doute la connaissance préalable des faits cliniques qui m'a fait saisir immédiatement la signification des faits expérimentaux, car mes expériences sur les couleurs spectrales avaient été instituées dans un tout autre but. Je m'étais simplement proposé de déterminer l'intensité lumineuse relative des différentes parties d'un spectre[1]. J'ai reconnu immédiatement l'impossibilité de cette détermination, j'en ai cherché la cause, je l'ai trouvée dans l'influence inégale de l'adaptation sur les différentes parties du spectre, dans les réactions différentes des bâtonnets et des cônes.

Un premier fait m'avait frappé dans l'étude de l'héméralopie, c'est qu'elle respecte les fonctions de la fovea, fait reconnu antérieurement par Reymond de Turin. La fovea ne contenant pas de pourpre, j'en ai conclu que l'héméralopie était produite par une altération de cette substance, opinion qui a été confirmée depuis par Velardi, Kuschebert, Treitel, Leber, etc., sans avoir trouvé de contradicteurs. La fovea privée de pourpre est d'ailleurs, de ce fait, normalement héméralope ; c'est pour cela que l'héméralopie ne change rien à ses fonctions.

Ayant observé, en outre, que la modification de la sensibilité rétinienne qui caractérise l'héméralopie, ne porte que sur la valeur lumineuse des couleurs, non sur la sensation de couleur elle-même, j'en ai conclu que le pourpre réti-

[1] L'instrument dont je me suis servi, construit par Jules Duboscq, a été présenté à la Société de Physique (1884). Il donne deux spectres identiques glissant l'un au-dessus de l'autre, de manière à amener dans une lunette deux couleurs quelconques dont on détermine l'intensité en même temps, c'est-à-dire dans les mêmes conditions d'adaptation. On reconnaît facilement ainsi l'influence inégale de l'adaptation sur les lumières de longueurs d'onde différentes.

nien et les bâtonnets sont en rapport avec la seule sensation lumineuse, la sensation de couleur étant la fonction des cônes.

De l'ensemble des faits, j'ai enfin conclu que les bâtonnets et le pourpre ont pour fonction *l'adaptation de la rétine* aux différences d'éclairage, fonction qui permet la vision crépusculaire et qui est altérée chez l'héméralope.

Grâce à la fonction des bâtonnets et du pourpre visuel, le spectre devient non seulement plus lumineux, mais aussi plus étendu par son extrémité violette, qui s'allonge à mesure que l'œil est plus fortement adapté. Supposez cette fonction abolie : le spectre, vu dans l'obscurité, sera intact du côté du rouge et très raccourci du côté du violet. C'est ce que Hirschberg a constaté chez un héméralope. Il en conclut avec Nicati que l'héméralopie est causée par la cécité pour le bleu. C'est une conclusion fausse tirée d'un fait exact.

L'héméralopie nous fournit un exemple de l'altération de l'un des modes de sensibilité de la rétine, celui des bâtonnets. Supposons maintenant que ce soit l'autre, celui des cônes, qui soit altéré. Que se produira-t-il ?

Le premier résultat sera évidemment la cécité pour les couleurs. Mais les couleurs continuant à exciter les bâtonnets, elles conserveront leur valeur lumineuse sur la rétine adaptée. Effectivement, Hering, — et d'autres après lui, — ont trouvé que dans le daltonisme congénital total la valeur lumineuse des couleurs, non perçues comme couleurs, était la même que sur l'œil normal. Pour préciser, il est nécessaire d'ajouter qu'il s'agit de la valeur lumineuse des couleurs en tant qu'elles actionnent les bâtonnets et le pourpre visuel, c'est-à-dire qu'elles sont observées par la rétine plus ou moins adaptée. Car les couleurs, agissant sur les cônes, développent aussi une sensation lumineuse. Cette autre sensation lumineuse paraît conservée chez certains daltoniens ; elle paraît au contraire altérée chez d'autres dont le spectre est raccourci du côté du rouge, ainsi que dans les cas de daltonisme congénital total avec scotome central absolu.

Ces faits devront être étudiés d'une manière plus précise à la lumière des idées nouvelles, mais on voit par ces exemples, que je pourrais multiplier, la concordance qu'il y a entre les faits expérimentaux et les faits cliniques.

Les bâtonnets et les cônes sont très diversement répartis dans la rétine des différents animaux. Les bâtonnets sont plus développés en longueur et existent presque exclusivement dans la rétine des animaux nocturnes (hibous, chauves-souris, hérissons, etc.). Chez d'autres animaux, au contraire, comme la plupart des oiseaux, ce sont les cônes qui prédominent ou qui existent seuls.

Frappé de cette particularité, Schultze avait déjà admis, en 1866, que les bâtonnets sont en rapport avec la perception de la lumière, les cônes, avec la perception des couleurs. L'opinion du grand anatomiste, dont il n'est pas fait mention dans les traités spéciaux, semble avoir passé inaperçue, sans doute parce qu'elle manquait de démonstration expérimentale. Je l'ignorais, en tout cas, quand j'ai tiré mes propres conclusions, et, en Allemagne, von Kries, qui, dernièrement, s'est occupé de cette question et a confirmé mes idées, ignorait également le travail de Schultze : c'est le professeur Heidenhain qui le lui a signalé. La concordance de nos conclusions n'en est que plus remarquable.

Lorsque Schultze écrivit son Mémoire, le pourpre rétinien

n'était pas connu, et encore moins le rôle que je lui ai attribué dans l'héméralopie en 1881. Si ce rôle est réel, il est facile de prévoir que les animaux dont la rétine est privée de pourpre et de bâtonnets, comme la plupart des oiseaux, doivent être également privés de l'adaptation rétinienne et de la vision crépusculaire, c'est-à-dire être héméralopes. C'est ce qui a lieu, effectivement. Il est d'observation vulgaire que les poules, les pigeons voient d'une manière très imparfaite à la lumière artificielle et se défendent mal de la main qui veut les saisir ; qu'aussitôt le soleil couché, ces animaux gagnent leur abri nocturne. Le vieux dicton « se coucher comme les poules », pour désigner quelqu'un qui se couche tôt, a évidemment son origine dans ce fait.

VI. — Discussion des théories. Historique

Les faits et conclusions, qui forment la base de l'étude que je viens de faire des fonctions de la rétine, sont consignés dans diverses communications que j'ai publiées *passim* depuis 1881 [1]. Je les ai reproduits dans un travail d'ensemble paru en 1894, où j'ai fait, en outre, l'étude sur le mode d'action du pourpre rétinien et le rôle de sa fluorescence [2].

[1] H. Parinaud. De l'héméralopie dans les affections du foie et de la nature de la cécité nocturne. *Arch. gén. de Méd.*, avril 1881. — L'héméralopie et les fonctions du pourpre visuel. *Acad. des Sciences*, août 1881. — De la sensibilité visuelle. *Acad. des Sciences*, août 1884. — Sur l'intensité lumineuse des couleurs spectrales. *Acad. des Sciences*, novembre 1884. — Sur l'existence de deux espèces de sensibilité à la lumière. *Acad. des Sciences*, octobre 1885.

Les conclusions expérimentales ont été reproduites à l'occasion de présentation d'instruments à la *Société de Physique*, 1884, et à la *Société française d'Ophtalmologie*, 1885.

[2] H. Parinaud. La sensibilité de l'œil aux couleurs spectrales. Fonction des éléments rétiniens et du pourpre visuel. *Annales d'Oculistique*, octobre 1894.

Il est impossible que des faits aussi nettement accusés que ceux que je viens d'étudier, que des variations aussi considérables de la sensibilité rétinienne n'aient pas frappé les observateurs sous une forme quelconque. Ils ont été entrevus, en effet, et depuis longtemps, mais personne ne les a définis nettement, personne n'en a reconnu la cause ni précisé la signification.

Purkinje a remarqué que c'est le bleu qu'on peut voir à la lumière la plus faible, et que le rouge exige une lumière plus forte. Après lui, Dove a observé que, si l'on compare sous des éclairages différents les intensités lumineuses de surfaces recouvertes de couleurs différentes, c'est tantôt l'une, tantôt l'autre des couleurs qui paraît plus claire. D'autre part, dans la détermination de l'intensité de deux sources lumineuses par la méthode de Rumford, on sait que la comparaison des ombres projetées par les deux lumières ne donne pas de résultats exacts si les lumières sont de couleur différente. Les variations d'intensité des couleurs, suivant l'éclairage, sont désignées sous le nom de *phénomène de Purkinje*.

On a expliqué le phénomène de Purkinje par les différences d'éclairage des couleurs observées, ce qui d'ailleurs n'explique rien. Ce ne sont pas les différences d'éclairage des couleurs observées qui le produisent, mais les *différences d'éclairage de la rétine qui les observe*. Le phénomène a une cause non objective, mais subjective, et trouve une explication naturelle dans les propriétés de la rétine, que je viens d'étudier. Il résulte de l'influence inégale de l'adaptation de la rétine sur les lumières de réfrangibilité différente, et de cet autre fait que l'adaptation ne porte que sur la valeur lumineuse des couleurs, non sur la sensation de couleur elle-même. Il résulte d'une sorte d'antagonisme qu'il y a entre les deux rétines, celle des bâtonnets et celle des cônes, suivant l'éclairage ambiant.

Dans une série de publications récentes, dont la première remonte à 1894, von Kries, partant de l'étude du phéno-mène de Purkinje, arrive aux mêmes conclusions que moi sur le rôle des bâtonnets et des cônes, en s'appuyant sur les mêmes faits. Le professeur Nuel, de Louvain, dans une analyse des travaux de von Kries [1], a signalé cette concor-dance, en regrettant que l'auteur allemand ne l'ait pas fait lui-même. Von Kries s'est excusé de ne pas connaître mes travaux [2], mais dans un travail d'ensemble paru ultérieu-rement, en 1897 [3], il renouvelle la même omission, ou plutôt, il me cite sur un fait de détail qui n'a pas de rapport direct avec la question, et évite de me citer sur la question même et sur les faits importants.

Von Kries attribue la découverte de ces faits à d'autres ou à lui-même.

Il attribue à Hering et Hillebrand [4] la découverte du fait que, sous une faible intensité, les couleurs spectrales sont vues incolores.

Il attribue à Arth. König [5] la découverte du fait que, dans la fovea, la sensation de lumière incolore des couleurs de faible intensité fait défaut.

Il s'attribue à lui-même la découverte du rôle de l'adap-tation de la rétine et de son influence inégale sur les lumières de longueur d'onde différente.

[1] *Archives d'Ophtalmologie*, octobre 1895.

[2] *Archiv für Ophtalmologie*, t. XLII, fasc. 3, 1896.

[3] Von Kries. *Abhandlungen zur Physiologie der Gesichtsempfindungen*, 1897.

[4] Hillebrand. Ueber die spezifische Helligkeit der Farben (mit Vorbemer-kungen von E. Hering). *Sitzungsber. d. Wien Akad.*, 1889.

[5] Arth. König. Ueber den Menschlichen Sehpurpur und seine Bedeutung für das Sehen. *Sitzungsber. d. Berlin. Akad.*, 1894.

Ces faits sont nettement exposés dans ma première Note à l'Académie des Sciences (1884) et dans toutes celles qui l'ont suivie. Ils sont contenus dans les trois propositions qui résument les résultats de mes expériences.

Von Kries a dit encore, après moi, que la sensation de lumière incolore que donnent les lumières simples de faible intensité est distincte de la sensation du blanc; que, dans l'héméralopie, l'influence de l'adaptation fait défaut; que le maximum d'intensité lumineuse du spectre se déplace vers l'extrémité violette sous l'influence de l'adaptation.

Depuis 1878, Aug. Charpentier a fait sur les fonctions de la rétine un grand nombre de publications. Il a insisté avant moi[1] sur la sensation de lumière incolore qui précède la sensation de couleur avec une lumière simple d'intensité croissante. Mais il formule ce fait comme une loi absolue, ce qui, dès le début de ses recherches, l'a engagé dans une voie fausse. J'ai démontré que cette sensation de lumière incolore, avec les couleurs de faible intensité, est le résultat de l'adaptation de la rétine. Elle n'existe que dans l'obscurité, elle disparaît à la lumière du jour, c'est-à-dire dans les conditions de la vision normale. Même sur la rétine adaptée à l'obscur, elle fait défaut dans la fovea. Elle fait défaut, en toute circonstance, pour le rouge pur, qui n'est pas influencé par l'adaptation. Elle ne constitue donc pas un fait fondamental impliquant que toute sensation de couleur est développée sur une sensation initiale de lumière incolore. Aug. Charpentier confond, d'autre part, cette sensation de lumière incolore avec la sensation du blanc.

L'insensibilité moindre de la macula pour la lumière, et

---

[1] Aug. Charpentier. Le sens de la lumière et le sens des couleurs. *Arch. d'Ophtal.*, 1880.

en particulier pour la lumière bleue, a été signalée depuis longtemps. Arago avait remarqué qu'on voyait mieux les étoiles en déviant légèrement l'œil qu'en les fixant directement. Hering, Hess, Sachs attribuent cette insensibilité à l'absorption de la lumière par la substance jaune de la macula. Il est probable que le rôle physiologique de cette substance est, en effet, d'absorber les rayons les plus réfrangibles, bleus et violets, qui, avec un faible éclairage, ont sur la rétine une action prépondérante et peuvent gêner les fonctions si délicates de la fovea pour la perception des formes. Mais cette substance ne saurait être la cause de l'insensibilité de la fovea, puisqu'elle n'existe pas dans la fovea elle-même, mais seulement autour d'elle.

J'ai démontré que cette insensibilité de la fovea est encore un effet de l'adaptation rétinienne ; elle résulte de la non-participation de la fovea, privée de pourpre, à l'accroissement de sensibilité qui caractérise l'adaptation à l'obscurité. Cette insensibilité est donc relative ; elle n'existe pas à la lumière du jour.

L'adaptation ne détermine pas seulement l'insensibilité relative de la fovea pour la lumière, elle modifie aussi le mode de répartition de cette sensibilité à la périphérie de la rétine.

Aubert, Exner, Dobrowolski trouvent que la sensibilité pour la lumière, comme celle des couleurs, diminue du centre à la périphérie. A. Charpentier soutient, au contraire, que la sensibilité lumineuse est égale dans toute l'étendue de la rétine, à l'inverse de la sensibilité pour les couleurs qui décroît du centre à la périphérie. Chacun peut avoir raison dans les conditions particulières où il expérimente, tout le monde a tort dès qu'il s'agit de généraliser et de tirer des conclusions. Sur la rétine adaptée, la sensibilité à la lumière tend à s'égaliser dans toute la rétine (la fovea exceptée), grâce à la mise en action des bâtonnets et du pourpre. A la lumière du jour, il est manifeste, au contraire, que la sensibilité lumineuse décroît du centre à la périphérie, comme la sensibilité chromatique.

La sensibilité pour les couleurs décroît du centre à la périphérie, sur la rétine adaptée comme sur la rétine non adaptée. En outre elle décroît inégalement pour les différentes couleurs. La limite où une couleur cesse d'être perçue varie suivant l'éclairage, suivant l'intensité et la saturation de la couleur, suivant l'étendue de la surface colorée. Il est donc difficile de délimiter l'étendue du champ visuel de chaque couleur. Les rapports que ces champs visuels affectent entre eux, sont, au contraire, assez fixes. Les couleurs fondamentales cessent d'être perçues, du centre à la périphérie, dans l'ordre suivant : vert, rouge, jaune, bleu.

On est naturellement amené à établir une relation entre cette diminution de la sensibilité chromatique et la diminution du nombre des cônes dont l'excitation nous donne la sensation de couleur. Cette relation existe certainement, pour la vision des couleurs comme pour la vision des formes. Cependant je dois rappeler ici que, tout en admettant que c'est l'excitation des cônes qui nous donne la sensation de couleur, je n'ai pas localisé la fonction chromatique dans la rétine, mais dans le cerveau, ainsi que je le dirai plus loin. Ce serait une erreur d'expliquer les modifications de la sensibilité chromatique à la périphérie de la rétine, uniquement par la diminution du nombre des cônes. Ce qui le prouve, c'est que cette diminution se produit très inégalement pour les différentes couleurs.

On a dit avec raison que les parties périphériques de la rétine présentaient un daltonisme normal. En effet, sur certaines de ces parties, on peut constater la cécité pour le vert et le rouge avec conservation de la vision du jaune et du bleu, comme dans le daltonisme.

On doit donc admettre que les cônes de la périphérie de la rétine ne réagissent pas comme ceux du centre. Il est même possible qu'à l'extrême périphérie, ils ne réagissent que par une sensation de lumière incolore, ce qui serait une nouvelle preuve que la fonction chromatique ne doit pas être localisée dans les éléments périphériques.

La sensation de lumière incolore obtenue avec les couleurs de faible intensité, sur la rétine adaptée, a été invoquée par Hering, Hillebrand[1], Ebbinghaus[2] à l'appui de la théorie des trois substances visuelles de Hering. On sait que, d'après cette théorie, toutes nos sensations visuelles seraient le résultat d'un travail d'assimilation et de désassimilation de trois substances en rapport avec la perception du blanc-noir, rouge-vert, jaune-bleu. Dans les conditions citées, l'excitation lumineuse n'agirait que sur la substance du blanc-noir ; il faudrait des intensités plus fortes pour agir sur les substances donnant les sensations de couleur. J'ai fait remarquer que la sensation de lumière incolore, fonction des bâtonnets, et produite par la fluorescence du pourpre, est distincte de la sensation du blanc et du noir, qui est une fonction des cônes au même titre que celle des couleurs. Si l'interprétation précédente était exacte, il faudrait conclure que les rétines ne renfermant que des cônes sont incapables de percevoir le blanc et le noir, et que, chez l'homme, la fovea, partie fondamentale de la rétine, est aussi privée de la faculté de percevoir le blanc et le noir.

[1] HERING, HILLEBRAND. *Loc. cit.*
[2] EBBINGHAUS. *Théorie des Farbensehens*, 1893.

Arth. Kœnig[1] interprète, au contraire, les faits en faveur de la théorie de Young-Helmholtz, de la théorie admettant que toutes les sensations colorées sont le résultat de la combinaison de trois sensations fondamentales. Seulement, il remplace les trois fibres par trois substances visuelles. Le jaune visuel, produit de la transformation du pourpre, serait la substance affectée à la perception fondamentale du bleu. Il admet hypothétiquement dans la rétine l'existence de deux autres substances pour le rouge et le vert. Kœnig base son opinion sur les propriétés d'absorption du jaune visuel pour les différentes lumières du spectre, sur lesquelles j'aurai à revenir, et sur l'insensibilité de la fovea pour le bleu. J'ai déjà fait remarquer que cette prétendue insensibilité de la fovea pour le bleu n'existe pas. Il y a, dans la rétine adaptée, une insensibilité relative de la fovea pour la valeur lumineuse du bleu — et plus encore pour celle du violet — parce que la fovea ne prend pas part à l'accroissement de sensibilité qui caractérise l'adaptation nocturne, mais la fovea perçoit le bleu aussi bien que les autres parties de la rétine, et même mieux, car la sensation de couleur n'y est pas altérée par l'action perturbatrice du pourpre et des bâtonnets.

En ce qui concerne le rôle physiologique des bâtonnets et des cônes, c'est Schultze[2] qui, le premier, en 1866, a émis l'hypothèse que les bâtonnets étaient en rapport avec la perception lumineuse, les cônes avec la perception des couleurs, en se basant sur l'anatomie comparée, et sur ce fait que, sur la rétine humaine, la vision des couleurs

---

[1] Arth. KÖNIG. *Loc. cit.*

[2] M. SCHULTZE. Zur Anatomie und Physiologie der Retina. *Arch. f. mikrosk. Anat.*, 1866.

s'affaiblit à la périphérie où les cônes deviennent rares, et les bâtonnets plus nombreux. L'opinion de Schultze, émise il y a plus de trente ans, avait passé inaperçue. Je ne l'ai trouvée reproduite dans aucune publication en France, et Von Kries a fait la même constatation pour l'Allemagne ; c'est depuis mes expériences que cette opinion a été rappelée.

Mes conclusions sur le rôle physiologique des bâtonnets et des cônes sont basées sur deux ordres de faits. Je les ai déduites d'abord des caractères du trouble visuel des héméralopes, qui respecte la fovea, qui n'altère que la valeur lumineuse des couleurs, et qui consiste dans une modification de l'adaptation rétinienne, fonction des bâtonnets et du pourpre (1881). Je les ai déduites en second lieu de mes recherches sur la sensibilité de l'œil aux couleurs spectrales ; sur les caractères de l'adaptation rétinienne, qui ne porte que sur la valeur lumineuse des couleurs ; sur ce fait que, dans la fovea qui ne contient que des cônes, les lumières simples, en toute circonstance, ne développent qu'une sensation de couleur (1884).

Dès 1839, Krohn avait signalé un pigment rouge dans les bâtonnets des céphalopodes. Leidig, Schultze, H. Muller firent des observations semblables chez d'autres animaux, mais ces faits isolés n'avaient pas cours dans la science, et Boll fit une véritable découverte lorsque, en 1876, il signala dans les bâtonnets de la grenouille une substance qui se modifiait par la lumière (pourpre rétinien, pourpre visuel, rhodopsine, érythropsine).

Peu après la découverte de Boll, Kuhne[1] parvint à isoler

---

[1] KUHNE. *Loc. cit.*

la substance colorante des bâtonnets à l'aide d'une solution de cholate de soude, et fit une étude admirable des caractères physiques de cette substance. Mais il n'assigne au pourpre rétinien aucun rôle physiologique précis. Il fait cependant quelques expériences à ce sujet. Il se demande comment voient les animaux privés de pourpre et constate que des grenouilles et des lapins exposés à une vive lumière et par conséquent privés de pourpre, paraissent voir normalement, ce qui, d'ailleurs, est d'observation vulgaire ; c'est par un jour ensoleillé que l'œil humain voit le mieux, bien que, dans ces conditions, il soit privé de pourpre rétinien.

Les grenouilles, certains sujets tout au moins, paraissent avoir pour la couleur verte une prédilection. Si on les place dans un bocal couvert moitié de vert, moitié de bleu foncé, elles se groupent en très grand nombre dans la partie verte. La même expérience, faite avec des grenouilles privées de pourpre par exposition à la lumière vive, donne à peu près les mêmes résultats. Kuhne en conclut qu'il est probable que la couleur atteint des éléments dépourvus de pourpre. Les cônes auraient tous les attributs de la sensation, les bâtonnets ne percevraient que le clair et l'obscur. La conclusion générale de Kuhne est que le rôle du pourpre dans la vision est peu important ; il se demande même s'il constitue réellement une substance visuelle, en se basant sur son absence dans la rétine d'animaux qui ont une vision parfaite, sur son absence également dans la fovea de la rétine humaine, c'est-à-dire dans la partie qui est physiologiquement la plus importante. Kuhne et Ewald ont également étudié la fluorescence du pourpre rétinien, sans lui attribuer une importance fonctionnelle.

Kuhne a encore signalé que le pourpre rétinien et son

dérivé, le jaune rétinien, ont des spectres d'absorption différents. Kœnig et ses élèves, Mlle Kœttgen et G. Abelsdorff[1], ont repris cette étude. Kœnig, qui a pu déterminer le spectre d'absorption du pourpre et du jaune de l'œil humain, trouve le maximum d'absorption du jaune dans le bleu du spectre. Il invoque ce fait à l'appui de sa théorie d'après laquelle le jaune visuel serait affecté à la perception fondamentale du bleu, le pourpre proprement dit étant affecté à la perception lumineuse. Mlle Kœttgen et G. Abelsdorff, étudiant le spectre d'absorption du pourpre chez les vertébrés, trouvent des différences suivant les espèces.

J'ai démontré que le pourpre et les bâtonnets sont en rapport avec une fonction particulière, l'*adaptation rétinienne*, l'adaptation aux différences d'éclairage, qui permet la vision avec des intensités de lumière relativement faibles et, en particulier, la vision crépusculaire. Je l'ai encore établi par deux ordres de faits : par mon étude sur l'héméralopie (1881), dont le trouble visuel est essentiellement caractérisé par l'altération de cette fonction ; en second lieu, par mes expériences physiologiques, en définissant les caractères de l'adaptation rétinienne et en montrant que cette adaptation fait défaut dans la fovea privée de pourpre, ce qui établit qu'elle est fonction des bâtonnets et du pourpre (1884). Plus tard, dans mon travail d'ensemble de 1894, je me suis demandé comment le pourpre rétinien produit l'accroissement de sensibilité qui caractérise l'adaptation nocturne. Ayant reconnu que cet accroissement de sensibilité, nul pour le rouge, porte surtout sur les rayons de faible longueur d'onde, de manière à rendre

---

[1] Arth. KÖNIG. *Loc. cit.* — Else KÖTTGEN und G. ABELSDORFF. Die Arten des Sehpurpurs in der Wirbelthierreihe. *Sitzungsb. der Berlin. Akad.*, 1895.

visible le spectre ultra-violet lui-même, et frappé de la
similitude de cette action avec celle des substances fluorescentes, je fus conduit à expliquer l'action du pourpre
rétinien par sa fluorescence. Toutefois, cette action n'est
pas d'ordre purement physique; elle est combinée à un
acte vital, et le processus rétinien offre une certaine analogie avec celui qui donne naissance à la production de
lumière chez les animaux.

Au résumé, j'ai défini les caractères de l'adaptation rétinienne, montré qu'elle intéresse inégalement les rayons de
longueur d'onde différente, qu'elle ne porte que sur la valeur
lumineuse des couleurs, qu'elle fait défaut dans la fovea.
J'ai donné ainsi l'explication physiologique de plusieurs
faits, entre autres du phénomène de Purkinje et de l'insensibilité relative de la fovea.

M'appuyant d'une part sur ces faits expérimentaux,
d'autre part sur les faits cliniques, j'ai établi le rôle fonctionnel des cônes, des bâtonnets et du pourpre rétinien.

Les auteurs étrangers qui en ce moment me dépouillent
de mes découvertes en faveur de von Kries, pèchent sans
doute par ignorance et ont été trompés par les assertions de
von Kries lui-même.

Von Kries n'a fait que reproduire mes conclusions en
s'appuyant sur les mêmes faits, à dix ans d'intervalle. Un
seul auteur a des droits de priorité en ce qui concerne
le rôle des bâtonnets et des cônes, c'est Schultze. Mais on
voudra bien reconnaître que l'opinion du grand anatomiste,
émise il y a plus de trente ans, n'avait pris aucune consis-
tance dans la science. Quatre ou cinq auteurs ont vu la
coloration rouge des bâtonnets avant Boll, lui a-t-on pour
cela contesté le mérite de sa découverte ? Une vérité n'est

pas acquise à la science parce qu'on l'a soupçonnée par une induction plus ou moins légitime, elle est acquise lorsqu'elle a reçu sa démonstration expérimentale. Cette démonstration, en ce qui concerne les fonctions des cônes, des bâtonnets et du pourpre rétinien, c'est moi qui l'ai faite.

CHAPITRE II

LE ROLE DE LA RÉTINE ET LE ROLE DU CERVEAU
DANS LA VISION

I. — LA SENSIBILITÉ POUR LA LUMIÈRE,
LES COULEURS ET LES FORMES

Je viens d'étudier les fonctions de la rétine, c'est-à-dire.
de la partie périphérique de l'appareil sensoriel de la vision.
Pour compléter l'étude de la sensibilité visuelle, il resterait
à déterminer le rôle du cerveau, en l'opposant à celui de la
rétine. Ce n'est pas que je sépare complètement la partie
périphérique et la partie centrale de l'appareil sensoriel ;
elles ont des connexions aussi intimes que les deux pôles
d'une pile où toute modification de l'un des pôles a son
retentissement sur l'autre. Cependant on peut étudier les
propriétés différentes des deux pôles d'une pile ; il en est de
même pour l'appareil visuel.

On comprend les difficultés d'une pareille étude, et je n'ai
pas la prétention de donner la solution des différents pro-
blèmes que cette question soulève. Je voudrais seulement
chercher à convaincre les observateurs que, dans l'étude de
la vision, le rôle du cerveau n'est pas inaccessible à l'observation expérimentale et que c'est dans cette voie qu'ils
doivent diriger leurs efforts, en renonçant aux hypothèses
psychologiques.

Dans la dernière partie de ce travail, j'espère démontrer que l'on peut faire l'étude des relations fonctionnelles des deux yeux, et en particulier de la vision binoculaire, fonction essentiellement cérébrale, en restant exclusivement sur le terrain de la physiologie, en s'appuyant à la fois sur l'expérimentation physiologique et sur l'observation clinique. J'espère démontrer en outre que, si nous ne sommes pas en état de déduire directement ces relations fonctionnelles de l'anatomie cérébrale, on peut les concevoir comme résultat d'une disposition organique, avec les notions nouvelles que nous avons sur la structure du système nerveux.

Le rôle du cerveau dans la sensibilité visuelle est plus difficile à délimiter. Je suis convaincu cependant qu'avant peu on sera en état de le faire, en s'appuyant sur les mêmes faits, sur l'expérimentation physiologique et sur les modifications pathologiques de la sensibilité visuelle, sous la réserve que le physiologiste doit s'arrêter aux phénomènes de conscience qui semblent se dérober à l'analyse expérimentale.

Sous l'influence des découvertes récentes sur la structure du système nerveux, montrant les appareils sensoriels nettement différenciés à la périphérie tandis que, dans le cerveau, on ne trouve pas de différence anatomique appréciable entre les éléments nerveux de ces mêmes appareils, on a de la tendance à localiser à la périphérie la cause de la spécificité de nos sensations. Le rôle des appareils périphériques est évidemment fort important, et l'étude que nous venons de faire des fonctions de la rétine vient à l'appui de cette opinion. Mais oserait-on soutenir que l'élaboration de la sensation se fait exclusivement à la périphérie, le cerveau n'ayant qu'un rôle d'enregistreur, ne servant qu'aux phénomènes de conscience que nous excluons de notre étude ? Il suffit de rappeler le développement considérable des centres inférieurs affectés à la vision ou à l'olfaction, dans certaines espèces, coïncidant avec le peu de développement de la couche corticale grise où l'on doit localiser les phénomènes de conscience, pour comprendre qu'une pareille conception du rôle du cerveau serait contraire à la réalité.

Dans le processus nécessairement complexe qui transforme l'excitation physique en sensation, un fait est certain, c'est que l'appareil périphérique a d'abord pour but de *transformer l'énergie physique de l'agent excitateur, en énergie nerveuse*. L'œil nous en fournit un exemple. L'excitation de l'agent lumineux est sans effet sur les fibres du nerf optique, comme le prouve la tache aveugle connue sous le nom de tache de Mariotte, qui existe dans le champ visuel au niveau de la papille, point de pénétration du nerf optique dans l'œil, dépourvu de rétine proprement dite.

Dans la rétine même, c'est la couche la plus superficielle, la couche des bâtonnets et des cônes, qui seule est sensible à l'excitation lumineuse. La vision entoptique des vaisseaux rétiniens a servi depuis longtemps à le démontrer.

L'étude que nous avons faite des fonctions des bâtonnets et des cônes nous a initié au processus qui préside à cette transformation de l'énergie physique en énergie nerveuse. Nous avons vu que l'excitation des bâtonnets se fait par l'intermédiaire du pourpre rétinien, qui est le siège d'une réaction physico-chimique s'accompagnant d'un dégagement d'énergie électrique mesurable au galvanomètre. Cette réaction fait défaut dans les cônes privés de pourpre. Il semble que, pour ces éléments, la transformation soit plus spécialement de nature physique, comme pour l'ouïe. Cependant il y a bien des réserves à faire sur ce point. L'excitation des cônes et aussi des bâtonnets s'accompagne du raccourissement et de l'épaississement de ces éléments, traduisant une modification de leur substance propre qui est peut-être de nature purement physique, mais dont la nature intime nous échappe. Il y a aussi à tenir compte des différences de coloration de ces éléments, dans les préparations micrographiques, suivant qu'ils ont été au repos ou excités par la lumière (Pergens, L. Dor), ainsi que cela s'observe d'ailleurs pour les cellules nerveuses en général, suivant qu'elles ont été en activité ou au repos[1].

Le rôle de la rétine dans l'élaboration de la sensation n'est pas limité à la transformation de l'énergie physique de l'agent excitant en énergie nerveuse. Les deux espèces d'éléments, les bâtonnets et les cônes, réagissent différemment, c'est-à-dire que leur rôle dans la sensation résultante n'est pas le même. Nous avons vu que pour une même excitation physique produite par une lumière simple de même longueur d'onde, la réaction sensorielle diffère d'*intensité* et de *qualité* pour les deux espèces d'éléments. L'excitation des bâtonnets, par une lumière simple, ne donne qu'une sensation de lumière incolore, l'excitation du cône par la même lumière, une sensation de couleur. D'autre part, il est évident que la petitesse et le grand nombre des éléments rétiniens de la couche sensible sont en rapport avec la perception des formes, qui implique la faculté d'isoler et de percevoir séparément les différentes parties d'une image rétinienne.

La rétine, par sa disposition anatomique et les propriétés différentes des deux espèces d'éléments de la couche sensible, réagit donc à l'excitation lumineuse de trois manières qui précisément sont en rapport avec les trois modalités de la sensation visuelle, laquelle se compose de la percep-

---

[1] Voyez sur cette question : G. Weiss. Théorie chimique de la vision : *Revue gén. des Sciences*, mars 1895.

tion de la lumière, de la perception de la couleur et de la perception de la forme des objets.

Il semble donc que la sensation visuelle soit élaborée tout entière dans la rétine, et que le cerveau n'ait d'autre rôle que de rendre cette élaboration consciente, de transformer l'impression en image visuelle ou en idée. Cette conception simpliste ne semble cependant pas répondre exactement à la vérité.

J'ai déjà fait remarquer qu'il n'est pas exact d'attribuer la sensation de lumière aux bâtonnets et la sensation de couleur aux cônes. A ces deux espèces d'éléments nerveux correspondent *deux modes de sensibilité à la lumière*.

Les bâtonnets et le pourpre rétinien ont une fonction à part qui a pour but, par un processus spécial, de renforcer la sensation de manière à rendre la vision encore possible avec de faibles intensités de lumière. Cette fonction, qui constitue l'*adaptation rétinienne*, n'est pas essentielle, puisque des animaux, comme la plupart des oiseaux, doués d'une vision parfaite, supérieure même, à ce qu'il semble, à celle de l'homme, en sont privés. Nous avons d'ailleurs fait remarquer que la fovea, privée de bâtonnets et de pourpre, a cependant les trois attributs de la sensation.

Les cônes constituent donc les éléments fondamentaux de la rétine ; ils nous donnent à la fois la sensation de lumière, de couleur et de forme. Il s'agit de savoir si c'est en eux que réside exclusivement la faculté de répondre par trois réactions différentes à l'excitation lumineuse.

En ce qui concerne la perception des formes, la réponse semble facile. La perception des formes repose essentiellement sur la faculté de percevoir isolément et de transmettre au cerveau des images lumineuses plus ou moins séparées sur la rétine, des excitations géométriquement distinctes.

C'est ce que nous appelons l'acuité visuelle proprement dite.

Cette acuité visuelle atteint sa plus grande perfection dans la fovea, c'est-à-dire dans la partie de la rétine qui ne renferme que des cônes. Elle baisse d'une manière rapide en dehors de la fovea, où les cônes deviennent de moins en moins nombreux et sont mêlés aux bâtonnets. Nous avons fait remarquer que, par leur mode d'excitation qui se fait par l'intermédiaire du pourpre et favorise l'irradiation, les bâtonnets étaient moins aptes que les cônes à isoler les excitations lumineuses distinctes, que d'autre part chaque cône est en rapport avec une seule cellule bipolaire, tandis qu'une même cellule bipolaire sert à transmettre l'excitation de plusieurs bâtonnets.

La faculté isolatrice des bâtonnets est certainement plus faible que celle des cônes, mais quelle est-elle? Nous savons que les bâtonnets tendent à substituer leur action à celle des cônes dans l'obscurité, les cônes fonctionnant presque exclusivement à la lumière du jour. Il est donc possible d'étudier les propriétés isolatrices des bâtonnets sur la rétine fortement adaptée, conditions dans lesquelles la fovea est relativement insensible et où l'on est jusqu'à un certain point autorisé à admettre que les cônes n'interviennent pas. Von Kries et Fick ont ainsi cherché à déterminer les propriétés isolatrices des bâtonnets en expérimentant sur la rétine adaptée, à l'aide d'objets lumineux phosphorescents ou éclairés par transparence. Tous deux trouvent l'acuité des bâtonnets égale à zéro dans la fovea. L'acuité des bâtonnets serait de 1/4 à 1/10 de celle des cônes suivant les sujets. Contrairement à l'acuité ordinaire prise à la lumière du jour, elle augmente du centre à la périphérie[1].

---

[1] Von Kries. *Loco citato.* — Fick. *Arch. für Ophtal*, Bd. XLV, fasc. 2, 1898.

Les résultats obtenus par ces deux auteurs ne sont pas très concordants en ce qui concerne la mesure de l'acuité des bâtonnets, mais, dans leur ensemble, ils constituent une nouvelle confirmation de mes expériences.

L'acuité visuelle est donc essentiellement la fonction des cônes. Non seulement ils existent exclusivement dans la fovea où cette fonction est si développée, mais ils y sont plus petits et plus serrés les uns contre les autres. D'après les mensurations de Schultze, leur diamètre n'est guère que de $0^{mm},002$ à $0^{mm},0025$. D'autre part, les plus petites distances où deux images lumineuses de la rétine peuvent être distinguées l'une de l'autre sont, d'après les mensurations de E. Weber et de Helmholtz, de $0^{mm},0043$ à $0^{mm},0054$. Volkmann a démontré que, par l'exercice, on peut arriver à percevoir séparément des points situés à $0^{mm},003$ l'un de l'autre, chiffre qui se rapproche du plus petit diamètre des cônes.

Il y a donc une corrélation certaine entre la perception des formes ou acuité visuelle et la disposition anatomique des cônes dans la rétine. L'acuité visuelle est essentiellement une fonction de la rétine. Cependant on ne saurait soutenir qu'elle soit exclusivement une fonction de la rétine. Tous les physiologistes ont reconnu que les mouvements de l'œil entrent comme facteur important dans la faculté de distinguer les objets. D'autre part, chacun sait que les individus habitués à explorer de grands espaces développent leur acuité de vision. Enfin, le fait signalé par Volkmann, que l'on peut développer par l'exercice les facultés isolatrices de la rétine, prouve que l'acuité visuelle est une fonction plus complexe qu'il semble au premier abord, car on ne saurait, par l'exercice, multiplier le nombre des cônes.

Une question plus difficile à résoudre est celle du siège de la fonction chromatique ; une seconde question, plus difficile encore, est celle du mécanisme de cette fonction.

Je crois que la spécialisation de la sensation de lumière en sensation de couleur est de siège cérébral. Je base cette opinion sur un ensemble de faits qui sont les suivants :

L'irritation mécanique du nerf optique, sa section dans l'énucléation du globe développent une sensation de lumière. Les affections irritatives du cerveau dans les tumeurs, les méningites, la périencéphalite diffuse, s'accompagnent de sensations lumineuses ou colorées parfois très intenses. Ces mêmes sensations de lumière et de couleur existent parfois spontanément chez des individus dont les globes oculaires sont détruits depuis longtemps. Si, dans les conditions normales, la sensation lumineuse par excitation oculaire implique une élaboration préalable dans la couche des bâtonnets et des cônes, il n'est pas moins certain que cette sensation peut prendre naissance dans le cerveau, sans le secours de la rétine. On ne saurait donc admettre que la sensation soit élaborée entièrement dans cette membrane.

En ce qui concerne spécialement la vision des couleurs, je ne connais pas d'affection exclusivement périphérique produisant la dyschromotopsie ; j'entends par dyschromotopsie l'altération primitive et systématisée de la vision des couleurs, non celle qui accompagne toute diminution importante de la vision de cause quelconque. La névrite alcoolique comme l'atrophie tabétique, qui s'accompagnent d'une dyschromatopsie vraie, ne sont pas des affections exclusivement périphériques, mais sont en rapport avec des altérations des neurones centraux. Par contre, le trouble de la vision des couleurs s'observe dans l'hystérie qui produit une dyschromotopsie spéciale. J'ai observé la cécité des couleurs comme complication des lésions corticales produisant l'hémiopie, et il s'agit ici non d'une cécité verbale, d'une perte de la mémoire du nom des couleurs, mais d'une cécité réelle, les malades mélangeant tous les tons dans l'épreuve des lumières. Samelsohn et d'autres auteurs ont cité des exemples semblables.

On peut invoquer encore, comme preuve du siège cérébral de la spécialisation des sensations de couleur, les phases colorées des images secondaires qui, pour moi, sont de siège cérébral, ainsi que les phénomènes de contraste des couleurs, qui sont également de siège cérébral.

De ce que les éléments nerveux centraux ne sont pas différenciés anatomiquement, pour les différents sens et les différentes modalités sensorielles, on ne saurait conclure qu'ils n'ont aucun rôle dans l'élaboration de la sensation. La vieille doctrine de l'énergie spécifique des nerfs de J. Muller, qui a servi longtemps de base à la physiologie sensorielle, et quelque peu délaissée aujourd'hui, n'a rien perdu de sa valeur. Elle demande seulement à être modifiée. On sait, depuis les expériences de Vulpian et Philippaux, que les nerfs proprement dits sont des conducteurs indifférents. C'est dans les cellules, périphériques ou centrales, avec lesquelles la fibre conductrice est en rapport, qu'il faut chercher la cause de la spécificité. En outre, l'énergie paraissant être une, sous des formes différentes, il vaut mieux parler de *réactions spécifiques des éléments nerveux*. Ces réactions spécifiques, qui restent la base de la physiologie sensorielle, vont nous permettre de concevoir la vision des couleurs sans avoir recours à des hypothèses que rien n'est venu justifier.

Que la fonction chromatique soit de siège périphérique

ou central, comment pouvons-nous expliquer le nombre en quelque sorte indéfini de nos sensations de couleur? Problème toujours discuté et toujours sans réponse satisfaisante. Cette réponse, je n'ai pas la prétention de la donner. Je ne veux pas non plus opposer aux théories existantes une théorie nouvelle. M'appuyant sur les données de physiologie générale, je voudrais exposer seulement comment on peut concevoir la cause de la spécificité et de la multiplicité de nos sensations de couleur.

Rappelons d'abord les deux principales théories qui se partagent les savants, celle de Young-Helmholtz et celle de Hering. Toutes deux ont pour but de réduire à trois processus élémentaires toutes nos sensations de couleur.

Partant de ce fait que le nombre de nos sensations de couleur est en quelque sorte indéfini et que l'on ne saurait admettre dans le nerf optique un nombre indéfini de fibres pour chaque couleur, Th. Young, puis plus tard Helmholtz admirent seulement trois espèces de fibres en rapport avec trois couleurs fondamentales que l'on a eu quelques difficultés à choisir et qui seraient, d'après Helmholtz, le rouge, le vert et le bleu. Par leur excitation en proportion différente, ces trois espèces de fibres réaliseraient toutes les variétés possibles de couleur. Aucun fait anatomique n'est venu, je ne dis pas démontrer, mais seulement rendre vraisemblable l'hypothèse de l'existence de ces trois espèces de fibres. Quant aux preuves tirées du daltonisme, dans lequel le système trichromatique serait remplacé par un système dichromatique, je crois qu'elles reposent sur une erreur d'observation. Je n'ai, pour ma part, jamais observé la cécité limitée au rouge ou au vert; j'ai toujours trouvé la vision altérée pour les deux couleurs en même temps.

Aux trois espèces de fibres, Hering oppose trois subs-

tances visuelles, en rapport avec les sensations fondamentales, blanc-noir, rouge-vert, bleu-jaune. L'assimilation ou
la désassimilation de chaque substance donnerait les tons
intermédiaires. Ces trois substances visuelles sont d'ailleurs
aussi hypothétiques que les trois espèces de fibres. Dernièrement, Hering, Ebbinghaus, Hillebrand, ont cru trouver
dans le pourpre visuel la substance qui préside à la sensation blanc-noir, opinion inacceptable, puisque la fovea,
privée de pourpre, nous donne la sensation du blanc-noir
comme les autres parties de la rétine. Le pourpre visuel
est en rapport avec l'intensité lumineuse, mais la sensation lumineuse qu'il développe ne doit pas être confondue
avec la sensation du blanc et du noir.

La gamme des couleurs spectrales et les effets produits
par le mélange de ces couleurs, invitent naturellement l'esprit aux théories. Effectivement, la figuration schématique
de la gamme des couleurs, y compris le pourpre qui n'existe
pas dans le spectre, par un triangle dont les trois angles
représentent trois couleurs fondamentales donnant par
leur mélange toutes les teintes intermédiaires, a été l'origine et le principal appui de la théorie des trois espèces
de fibres. Le triangle de Young soulève bien certaines difficultés, mais Helmholtz a cru les résoudre en remplaçant le
triangle par un cercle inscrit dans ce triangle.

Ces conceptions sont sans doute séduisantes pour l'esprit, en lui donnant l'illusion d'une explication simple et
rationnelle; en réalité, elles n'ont aucun caractère physiologique. Le sens de la vue n'est pas d'une nature essentiellement différente des autres sens, son fonctionnement n'implique pas, comme on a trop de tendance à le croire, des
lois particulières. Dans son étude, on ne doit pas perdre de
vue les notions de physiologie générale, et il faut éviter

d'avoir recours à des hypothèses qui ne peuvent s'appliquer exclusivement qu'au sens de la vue.

Il y a cependant un fait remarquable qui distingue la sensation visuelle, et justifie dans une certaine mesure les hypothèses qui tendent à systématiser nos sensations de couleur, c'est le rôle si remarquable des couleurs complémentaires. Sous ce rapport, l'hypothèse de Hering qui en tient compte et cherche à l'expliquer, est incontestablement supérieure à celle de Young-Helmholtz. Mais ce rôle peut s'expliquer plus facilement encore avec notre manière de concevoir la spécificité et la multiplicité de nos sensations de couleur, qui est la suivante.

Nous venons de dire que, d'une manière générale, il fallait chercher la cause de la spécificité de nos sensations dans les réactions spécifiques des éléments nerveux, n'impliquant pas une différenciation anatomique correspondante. Cette opinion se trouve justifiée par les faits de physiologie comparée que nous avons signalés dans les considérations sur le développement des sens. Nous avons dit que les réactions spécifiques des éléments nerveux sensibles, développées par les excitations physiques différentes, précèdent, dans l'évolution phylogénique des sens, les modifications morphologiques (p. 15); que les animaux inférieurs peuvent présenter des réactions sensorielles différentes, visuelles, gustatives, tactiles, sans trace de différenciation anatomique; que la peau de ces animaux est sensible aux différences de couleur elles-mêmes. Donc, la réaction spécifique de l'élément nerveux sensible, développée par des agents physiques qui l'excitent différemment, est le fait initial dans la différenciation qui caractérise les sens, et, conformément à la théorie de J. Muller, elle reste sans doute, dans l'appareil sensoriel perfectionné, la cause fondamentale de la spécificité de nos sensations.

D'une manière générale, on peut considérer la cause de la spécificité de nos sensations comme le résultat d'une sorte d'équilibre, d'une certaine équivalence qui s'établit entre l'énergie nerveuse et l'énergie physique qui produit l'ébranlement nerveux. Sans doute les modifications de l'énergie nerveuse s'accompagnent de modifications physiques du protoplasma cellulaire, comme le prouvent les différences de coloration des cellules par la méthode de Nissl, suivant qu'elles ont été au repos ou en activité. Mais ces modifications physiques du protoplasma en rapport avec l'activité cellulaire, ne prouvent pas qu'il y ait une constitution physique différente en rapport avec les différentes sensations, et encore moins, pour un même sens, avec les différentes modalités sensorielles, telles que les couleurs.

Si ces idées sur les réactions spécifiques des éléments nerveux sont exactes, il est évident que l'on fait fausse route en cherchant la cause de la multiplicité de nos sensations de couleur dans des hypothèses anatomiques, comme celles des trois fibres de Young-Helmholtz ou des trois substances visuelles de Hering. Il est bien plus probable que la spécificité et la multiplicité de nos sensations de couleur ont leur cause dans *les modalités différentes de l'énergie nerveuse, correspondant aux modalités différentes de l'énergie physique* qui détermine ces sensations de couleur.

Je viens de signaler comme le fait le plus important dont nous ayons à tenir compte pour l'explication de nos sensations de couleur, le rôle si remarquable des complémentaires. Ce rôle s'explique d'autant plus facilement, avec la conception dynamique de la sensation de couleur, que l'analogie entre l'énergie nerveuse et électrique s'affirme de plus en plus et que, d'autre part, l'identité de nature de l'énergie lumineuse et électrique, rendue vraisemblable par les expériences de Hertz, est admise théoriquement par Maxwell, Helmholtz et Poincaré.

Dans l'étude du contraste des couleurs, où l'on retrouve l'action des complémentaires, nous allons voir que le contraste simultané résulte d'une véritable action à distance des parties du champ visuel impressionnées sur celles qui ne le sont pas, et dès 1882, dans une communication à la Société de Biologie, j'ai comparé cette action aux phénomènes de polarisation électromagnétique, idée qui a été reprise, depuis, par Aug. Charpentier. A cette époque, il y a seize ans, il n'était pas question de polarisation des cellules nerveuses. Depuis les travaux de Ramon y Cajal et la conception du neurone introduite par Waldeyer, tout le monde admet l'action des cellules nerveuses sur les cellules voisines sans continuité anatomique, action à distance par conséquent. Le terme de polarisation des cellules nerveuses est maintenant d'un usage courant dans la physiologie.

Les considérations qui précèdent nous font entrevoir, sans le démontrer d'une manière positive, le rôle du cerveau dans la vision. Je vais maintenant chercher à l'établir expérimentalement en ce qui concerne les images consécutives et les phénomènes de contraste. Dans l'étude des relations fonctionnelles des deux yeux, ce rôle nous apparaîtra encore plus important.

II. — Persistance de l'impression lumineuse

On a remarqué depuis longtemps que l'excitation de la rétine par la lumière laisse une impression lumineuse plus ou moins persistante après que l'excitation a cessé. Cette persistance de l'impression lumineuse comprend deux ordres de phénomènes distincts. Ils sont distincts non seulement par leurs caractères, mais aussi, selon moi, par leur siège, qui est rétinien dans un cas, cérébral dans l'autre. Il convient de désigner les faits de la première catégorie sous le nom de *persistance de l'impression rétinienne*, ceux de la seconde sous celui d'*images consécutives ou secondaires*.

Persistance de l'impression rétinienne.

Ce qui caractérise l'impression rétinienne persistante, c'est qu'elle est identique à celle qui est produite par l'excitation ; elle en est la continuation, de telle sorte que des excitations discontinues, mais suffisamment rapprochées, donnent la sensation d'une excitation continue. Cette persistance de l'impression rétinienne est démontrée par des faits dont la connaissance est vulgaire. C'est grâce à elle qu'un charbon incandescent qu'on meut rapidement donne la sensation d'un ruban lumineux, que les gouttes de pluie donnent la sensation de filets liquides. Le *cinématographe* et les instruments primitifs dont il dérive, le *thaumatrope*, le *phénakisticope*, etc., sont basés sur cette propriété de la rétine.

Quelle est la durée de cette persistance de l'impression rétinienne ? Newton lui assignait une durée de une seconde, chiffre manifestement trop élevé. Plateau, qui a fait le premier des recherches méthodiques, l'évalue à 1/5 de seconde pour la lumière blanche ; Emsmann à 1/4 de seconde ; les résultats obtenus avec les lumières colorées ne concordent pas dans les expériences de ces deux auteurs. Helmholtz, se servant de la méthode classique des disques tournants, trouve qu'à la lumière d'une forte lampe, la persistance est de 1/48 de seconde, tandis qu'avec l'éclairage de la pleine lune elle est de 1/20 de seconde.

On voit par ces chiffres que nous retrouvons toujours la difficulté d'évaluer numériquement la sensation lumineuse sous quelque aspect qu'on l'envisage. Plusieurs causes en effet font varier la durée de l'impression rétinienne. Aug. Charpentier a fait un grand nombre d'expériences, avec des méthodes différentes, pour déterminer l'influence de ces différents facteurs. Son travail renferme un grand nombre de faits, mais il est difficile d'en extraire des conclusions [1].

Il importe, avant tout, de préciser la question et la solution qu'elle comporte. Exprimer la durée de la persistance de l'impression rétinienne par un chiffre quel qu'il soit, est un non-sens. Ce chiffre, qui peut être exact pour les conditions où l'on expérimente, sera faux pour d'autres conditions. Ce qu'on peut demander aux chiffres ce sont les limites entre lesquelles oscille cette durée, comme Helmholtz a tenté de le faire. Mais ces chiffres ne nous feront pas encore connaître les influences qui font varier cette durée et leur mode d'action.

La meilleure solution à donner au problème, selon moi, est de mesurer la durée de la persistance dans des conditions déterminées, et, avec ce point de repère, rechercher les influences qui la font varier.

Les résultats diffèrent beaucoup suivant la méthode employée. Les disques de Masson dont on se sert habituellement, sur lesquels on dispose de différentes manières des

---

[1] Aug. CHARPENTIER. Recherches sur la persistance des impressions rétiniennes. *Arch. d'Ophtal.*, t. X, p. 208, 1890.

parties blanches et noires donnant, par la rotation des disques, un gris uniforme, sont essentiellement défectueux. On ne peut pas, avec cette méthode, déterminer l'influence capitale de l'intensité de l'excitation, distinguer ce qui revient à l'éclairage des surfaces excitantes (intensité de l'éclairage du disque) et à l'éclairage de la rétine (adaptation). On ne tient pas compte non plus de l'étendue de la rétine excitée.

J'expérimente avec une image rétinienne fixe de un dixième de millimètre de diamètre, obtenue par une surface lumineuse circulaire de 2 millimètres de diamètre observée à 30 centimètres. Cette surface lumineuse est représentée par un verre dépoli éclairé par transparence à l'aide d'une lampe électrique à incandescence de 10 bougies placée à 10 centimètres.

L'ouverture munie d'un verre dépoli est pratiquée dans un écran opaque, au-devant duquel se meut un disque avec des ouvertures de même grandeur qui viennent se placer successivement devant l'ouverture fixe. Le disque est actionné par un mouvement d'horlogerie qui permet de mesurer le nombre de tours à la seconde, et, par suite, le nombre d'excitations à la seconde nécessaires pour faire disparaître tout tremblotement de la surface lumineuse, c'est-à-dire pour obtenir, à l'aide d'excitations discontinues, une sensation continue.

Je trouve que dans ces conditions, c'est-à-dire avec une surface lumineuse représentée par un verre dépoli éclairé par une lampe de 10 bougies à 10 centimètres, et donnant sur la rétine une image de $1/10$ de millimètre, l'expérience étant faite à la lumière du jour (rétine non adaptée), la durée de la persistance de l'impression rétinienne est de $1/45$ de seconde.

Voilà donc un point de repère obtenu dans des conditions exprimées par des chiffres faciles à retenir. Or il se trouve, par hasard, que ces conditions donnent la persistance minimum de l'impression rétinienne, le chiffre 1/45 de seconde n'étant séparé de 1/48, donné par Helmholtz, que par une différence qui dans l'espèce est négligeable.

Avec ce point de repère, cherchons maintenant à déterminer les influences qui font varier la durée de la persistance de l'impression.

Influence de l'intensité de la lumière excitante. — A mesure que l'intensité de l'excitation diminue, la durée de la persistance de l'impression rétinienne augmente. En plaçant la lampe de 10 bougies à 1 mètre du verre dépoli, c'est-à-dire avec une intensité cent fois plus faible, la durée de la persistance s'élève à 1/23 de seconde. C'est la limite où le phénomène est observable à la lumière du jour ; mais en opérant dans l'obscurité on peut expérimenter avec une intensité 800 fois moins forte que l'intensité initiale, et dans ces conditions la durée de la persistance s'élève à 1/10 de seconde.

En augmentant l'intensité de l'excitation initiale, même en la portant au maximum par la projection de l'image solaire sur l'ouverture du disque, je n'ai pas obtenu de durée de la persistance inférieure à 1/45 de seconde.

Ainsi, avec une image rétinienne constante de 1/10 de millimètre, la durée de la persistance de l'impression rétinienne varie suivant l'intensité de la lumière excitante, entre 1/45 et 1/10 de seconde.

Les différences d'intensité de l'excitation constituent la cause principale des différences de durée de l'impression

rétinienne. Les autres causes sont beaucoup moins importantes ; leur action est d'ailleurs complexe.

Influence de l'adaptation rétinienne. — Je viens de dire
que dans l'obscurité, c'est-à-dire avec une rétine adaptée à
l'obscur, on obtient une persistance plus grande de l'impression rétinienne.

Le fait est certain, mais dans son interprétation il faut
considérer que, sur la rétine adaptée, il y a à tenir compte
de deux influences opposées. L'adaptation permet d'opérer
avec des intensités beaucoup plus faibles de la lumière
objective, ce qui tend à augmenter la durée de l'impression
rétinienne ; mais, d'autre part, pour une même intensité
objective, l'adaptation augmente l'intensité de l'excitation,
ce qui tend à diminuer la durée de l'impression.

Influence de la couleur. — Avec notre dispositif expérimental, si pendant que le papillotement de la surface lumineuse blanche se produit — ce qui indique que la persistance de l'impression n'est pas assez grande pour donner
une sensation continue — on interpose entre l'œil et cette
surface lumineuse un verre coloré quelconque, on voit le
papillotement diminuer ou cesser, ce qui prouve que l'impression rétinienne a augmenté de durée. Il ne faudrait pas
cependant se hâter de conclure de cette expérience à l'influence de la couleur sur la durée de l'impression ; il faut
tenir compte du pouvoir absorbant de tout verre coloré, qui
diminue l'intensité de l'excitation et par suite augmente la
durée de l'impression persistante. En effet, on trouve qu'un
verre fumé d'un pouvoir absorbant égal produit le même
résultat[1].

---

[1] Le pouvoir absorbant, ou plus exactement le pouvoir obscurcissant d'un
verre coloré varie suivant la couleur, et pour une même couleur, suivant le

Je rappelle que Cornu, faisant osciller un fil opaque devant la fente d'un spectroscope, a constaté que l'ombre rectiligne et transversale, quand le fil est au repos, s'infléchit aux extrémités du spectre quand le fil est en oscillation. Mais ici encore, il s'agit probablement d'une question d'intensité lumineuse.

Les couleurs agissent donc surtout en modifiant l'intensité de l'excitation, fait reconnu par A. Charpentier. Il ne faudrait pas se hâter de conclure cependant que l'influence de la réfrangibilité de la lumière est nulle sur la persistance de l'impression rétinienne. On sait depuis longtemps qu'en disposant convenablement du blanc et du noir sur un disque en mouvement, on peut développer des sensations de couleur, ce qui peut s'expliquer par une différence de la durée de l'impression pour les lumières de longueur d'onde différente, à moins que ce ne soit par une différence de l'inertie rétinienne pour ces lumières. Ces expériences, qui ont été présentées récemment comme nouvelles, sont décrites dans l'ouvrage de Helmholtz.

Influence de la grandeur de l'image rétinienne. — Si, pendant l'expérience, on se rapproche de la surface lumineuse, on voit le papillotement augmenter, si au contraire on s'éloigne, on le voit diminuer (l'influence de l'amétropie et

degré d'adaptation de la rétine. Dans la comparaison entre un verre coloré et un verre fumé, il ne peut être question d'un égal pouvoir obscurcissant que pour des conditions déterminées. Dans le cas qui nous occupe, ces conditions sont celles où se fait l'expérience. Je fais cette détermination de la manière suivante : observant le petit disque lumineux de 2 millimètres de diamètre avec une intensité réduite, je place au-devant de l'œil le verre coloré et je m'éloigne jusqu'à ce que le disque lumineux ne soit plus visible. Je choisis parmi plusieurs verres fumés celui qui produit le même résultat dans les mêmes conditions. Le verre coloré et le verre fumé doivent être tenus à une certaine distance de l'œil, pour que celui-ci continue à être impressionné par la lumière ambiante et que la rétine reste dans les mêmes conditions d'adaptation.

des cercles de diffusion étant éliminée). Chacun a pu remarquer d'ailleurs, qu'avec le cinématographe, le papillotement est plus prononcé pour les grands personnages, moins prononcé pour les petits.

La persistance de l'impression rétinienne semble donc plus petite pour des images rétiniennes plus grandes. Mais ici encore il y a des réserves à faire, le rôle de la grandeur de l'image peut être double. Il faut considérer que, dans tous les appareils rotatifs, l'excitation n'est pas instantanée et ne se produit pas en même temps sur toute la partie de la rétine où se peint l'image. Cette excitation a un commencement et une fin, et le commencement et la fin sont d'autant plus séparés que l'image rétinienne est plus grande.

C'est pour éliminer dans la mesure du possible l'influence de ce facteur que, dans mes expériences, j'ai opéré avec une image rétinienne de grandeur constante et très petite, de 1/10 de millimètre de diamètre.

Images consécutives.

Lorsque, après avoir tenu les yeux fermés jusqu'à effacement de toute trace d'impression antérieure, on les ouvre en face de la lumière d'une lampe ou d'une fenêtre éclairée, de manière à recevoir une impression lumineuse de 1/3 de seconde environ, et qu'on les ferme de nouveau en les recouvrant de la main pour empêcher toute pénétration de lumière nouvelle dans l'œil, on observe ce qui suit :

On perçoit d'abord une sensation lumineuse assez confuse, s'accompagnant de tremblotement, et dans laquelle on ne distingue pas nettement les contours de l'objet. Cette première phase, qui ne semble pas avoir fixé l'attention des observateurs, peut s'appeler *phase de confusion.*

Cette image lumineuse confuse s'efface assez rapidement, et au moment où elle disparaît on voit se dessiner l'*image consécutive positive*, image tranquille reproduisant dans les moindres détails l'objet lumineux, si les yeux sont restés parfaitement immobiles pendant l'impression. Le caractère fondamental de l'image positive est de reproduire les parties claires et obscures de l'objet, comme l'épreuve photographique positive. Si l'objet est coloré, la couleur de l'image positive est de même couleur.

Cette image positive s'efface progressivement, et après une durée qui varie de une seconde à une minute et même davantage, suivant l'intensité de l'excitation, elle est ordinairement remplacée par une image négative dans laquelle les parties claires et obscures de l'objet sont renversées, comme dans l'épreuve photographique négative. Si l'objet est coloré, la couleur est généralement complémentaire.

Si l'excitation a été très faible, l'image négative peut faire défaut ou du moins n'être pas facilement appréciable.

Quand l'image consécutive est assez persistante, on peut provoquer à volonté sa transformation de positive en négative et inversement, en laissant pénétrer à travers les paupières de la lumière en quantité suffisante et variable suivant l'intensité de l'image, ou en supprimant complètement cette lumière.

Les images consécutives ne s'observent pas seulement quand les paupières sont fermées; on peut les projeter aussi sur un fond uniforme, et en variant l'éclairage du fond on peut modifier aussi le caractère positif ou négatif de l'image.

En laissant pénétrer de la lumière dans l'œil ou en supprimant celle qui y pénètre, on ne produit pas seulement le changement de caractère de l'image consécutive, on produit aussi son effacement ou sa reviviscence. La pression sur le globe de l'œil, les mouvements, l'accommodation produisent un effacement temporaire ou définitif des images consécutives, surtout quand elles sont faibles.

Les images consécutives présentent des phases colorées indépendantes de celles qui accompagnent la transformation de l'image positive en négative, ou inversement. Une image développée par la lumière blanche subit des phases colorées particulièrement intéressantes. La dégradation se fait en général dans l'ordre suivant : blanc, bleu, violet, rouge, avec un grand nombre de nuances intermédiaires. Quelle que soit la phase colorée d'une image consécutive, si l'on provoque sa transformation de positive en négative par les moyens indiqués, cette transformation provoque l'apparition de la couleur complémentaire.

Tels sont les caractères principaux des images consécutives. Dans les détails, ces images présentent des variétés infinies pour lesquelles je renvoie aux descriptions de Plateau et de Helmholtz, ainsi qu'aux études plus récentes de Hess, Fick, Borscha, Snellen. Je vais insister sur les caractères qui nous permettent de distinguer l'impression rétinienne persistante de l'image consécutive positive, et d'établir le siège cérébral de cette dernière.

L'image consécutive positive est distincte de l'impression rétinienne persistante, par ses caractères et par son siège.

Un premier caractère différentiel réside dans l'existence d'une *phase obscure* séparant l'impression rétinienne persistante de l'image consécutive positive, sur laquelle C. Hess, le premier, a appelé l'attention. Cet auteur trouve que la persistance de l'excitation lumineuse primitive, que j'appelle impression rétinienne persistante, est séparée de l'image consécutive positive par une phase obscure de très courte durée, qui est surtout appréciable en opérant avec une lumière de faible intensité [1].

Je viens de faire remarquer que, dans les conditions expérimentales ordinaires, l'image consécutive positive est précédée d'une image lumineuse confuse à contours mal définis, succédant immédiatement à l'occlusion des paupières et à l'excitation qu'elle suit ou plutôt qu'elle prolonge. Cette image confuse est évidemment produite par la persistance de l'impression rétinienne, la confusion tenant sans doute aux phénomènes d'irradiation liés à l'action du pourpre rétinien sur un œil qui a été préalablement tenu fermé. L'image consécutive positive est parfaitement distincte de cette image lumineuse confuse. Tantôt elle apparaît tranquille à travers la sensation lumineuse tremblotante qui caractérise l'image confuse, tantôt elle en est séparée par un intervalle obscur nettement appréciable. Dans certains cas, je trouve que l'image positive n'apparaît que deux ou trois secondes après l'excitation et l'occlusion des paupières.

Un caractère plus facilement appréciable réside dans la *différence de durée* de l'impression rétinienne persistante et de l'image consécutive positive. La plus grande persistance de l'impression rétinienne qui ait été constatée par les auteurs qui ont fait des expériences régulières est de 1/5 de seconde (Plateau) ou 1/4 de seconde (Emsmann). Or l'image consécutive positive peut persister plus d'une minute, c'est-à-dire que sa durée peut être 250 à 300 fois plus grande que l'impression rétinienne la plus longue que l'on puisse obtenir.

Un troisième caractère réside dans la différence d'action

<hr>

[1] C. HESS. *Pfluger's Archiv*, t. XLIV, 1892. — *Archiv für Ophtal.*, t. XL, 2, 1894.

des causes qui font varier la durée de la persistance de la sensation lumineuse. Ainsi *l'intensité de l'excitation agit en sens opposé sur la durée de l'impression rétinienne persistante et de l'image consécutive positive.* Plus l'excitation est forte, plus la persistance de l'impression rétinienne est courte et plus la durée de l'image consécutive est longue. Quand on expérimente avec l'image solaire reçue sur un verre dépoli, par exemple, j'ai dit que l'impression rétinienne atteint son minimum de durée et n'est guère que de 1/45 de seconde. Or l'image consécutive positive produite par l'image solaire peut durer une minute et même plusieurs minutes, d'après Helmholtz. Dans ces conditions, la durée de l'image consécutive positive devient *trois mille fois* plus grande environ que celle de l'impression rétinienne.

L'impression rétinienne persistante et l'image consécutive positive sont donc deux choses différentes, et l'on voit l'erreur que commettent les auteurs qui, à l'exemple de Exner, tirent des conclusions sur les images consécutives à l'aide d'expériences faites avec les disques tournants, expériences qui s'appliquent à l'impression rétinienne persistante.

Siège cérébral des images consécutives.

Les physiologistes ont localisé dans la rétine les images consécutives qu'ils ont d'ailleurs plus ou moins confondues, ainsi que nous venons de le voir, avec l'impression rétinienne persistante. Plateau[1] les explique par une série d'oscillations que la lumière développe dans la rétine et qui la font passer alternativement par des états opposés avant d'arriver

---

[1] PLATEAU. *Essai d'une théorie générale comprenant l'ensemble des apparences visuelles qui succèdent à la contemplation d'un objet coloré.* Bruxelles, 1834.

au repos. Il admet une activité propre de la rétine dans le phénomène, pour expliquer certaines particularités. D'après Fechner [1], tous les phénomènes des images accidentelles trouvent leur explication en partie dans une excitation persistante de la rétine, en partie dans une diminution de son excitabilité. Helmholtz [2] accepte et développe les idées de Fechner en les rattachant à la théorie de Th. Young sur les couleurs et en attribuant un rôle important à la lumière propre de la rétine. Exner [3] s'est particulièrement appliqué à établir le siège rétinien des images consécutives. En 1882, j'ai admis le siège cérébral des images consécutives en m'appuyant sur des expériences que je vais rappeler [4].

A. *Une image accidentelle produite par l'impression d'un seul œil peut être extériorée par l'autre.* — Charcot, qui m'a suggéré l'idée de ces recherches, m'a en même temps signalé une expérience peu connue, décrite en ces termes dans le *Traité de physiologie* de Béclard : « L'impression d'une couleur sur une rétine éveille sur le point identique de l'autre rétine l'impression de la couleur complémentaire. Exemple : Fermez l'un des yeux, fixez avec l'œil ouvert et pendant longtemps un cercle rouge ; puis fermez cet œil, ouvrez celui qui était fermé, vous verrez apparaître une auréole verte » (p. 863, édit. de 1866).

Ainsi présentée, cette expérience prête à la critique ; sa formule énonce même une erreur ; mais, ramenée à sa

---

[1] Fechner. *Pogg. Ann.*, XLIV, XL, L.

[2] Helmholtz. *Optique physiologique*, p. 471-508, édit. franç.

[3] F. Exner. *Pfluger's Arch. f. Physiologie*, Bd. II, 1875.

[4] Parinaud. Du siège cérébral des images consécutives. *Société de Biologie*, 13 mai 1882.

véritable signification, elle renferme la démonstration de la proposition que je viens d'émettre.

Pour bien nous rendre compte de la nature de la sensation développée dans l'œil non impressionné, voyons d'abord ce qui se passe dans l'œil qui reçoit l'impression.

Fermant l'œil gauche, pour le moment exclu de l'expérience, nous fixons un cercle rouge sur une feuille de papier blanc, ou mieux, un point tracé au centre du cercle, afin de mieux immobiliser l'œil. Après quelques secondes, le fond blanc perd de son intensité et la couleur elle-même s'obscurcit. Retirant le cercle rouge sans cesser de fixer le point, nous voyons apparaître, sur le papier, l'image du cercle colorée en vert et plus claire que le fond : c'est l'*image négative*. Ferme-t-on l'œil, l'image, après avoir disparu un instant, se reproduit avec les mêmes caractères.

Répétons maintenant l'expérience de Béclard, c'est-à-dire, au moment où nous retirons le cercle, fermons l'œil droit impressionné et ouvrons l'œil gauche en fixant toujours le papier.

L'image du cercle n'apparaît pas immédiatement.

Le blanc du fond s'obscurcit tout d'abord, et c'est seulement alors que l'image se dessine colorée en vert et plus claire que le fond. C'est la même *image négative*, extériorée par l'œil gauche non impressionné, telle que nous l'avons reconnue dans l'œil droit qui a reçu l'impression.

On peut produire le même *transfert* avec l'image positive en variant les conditions de l'expérience.

L'extérioration de l'image accidentelle par l'œil qui n'a pas reçu l'impression implique forcément l'intervention du cerveau et, avec une grande probabilité, le siège cérébral de l'image elle-même. Je ne parle que de probabilité, car, ainsi que semble le faire Béclard, on peut admettre, par hypothèse, une modification de la rétine non impressionnée par une sorte d'action réflexe partant de l'œil opposé. L'hypothèse serait fausse, ainsi que le démontrent les expériences suivantes :

B. *Les images consécutives qui suivent les mouvements normaux de l'œil, ne se déplacent pas quand on dévie l'axe optique à l'aide du doigt.* — Une des raisons qui ont sans doute le plus contribué à la localisation des images accidentelles dans la rétine, c'est que, si l'on promène le regard sur un fond uni, gris de préférence, ces images se déplacent avec l'œil, traduisant avec une grande précision ses moindres mouvements. Elles se comportent, en un mot, comme des images rétiniennes. Mais, par un contraste bien remarquable, elles ne se déplacent plus dans les déviations du globe, lorsqu'on déplace l'axe optique à l'aide du doigt. Si l'image est extériorée sur un fond, elle paraît bien se mouvoir au premier abord, mais il est facile de se convaincre que c'est l'effet d'une illusion. C'est le fond et non l'image consécutive qui se déplace. Si l'écran est assez étendu pour embrasser tout le champ visuel et assez uni pour que l'on n'ait pas la sensation de son déplacement, l'image accidentelle reste immobile.

Une épreuve non moins concluante résulte de l'impossibilité de produire le dédoublement de l'image lorsque les deux yeux ont été impressionnés et que l'on déplace l'un d'eux à l'aide du doigt, de manière à produire la diplopie des objets extérieurs. Enfin, si au lieu de projeter l'image accidentelle sur un écran, on l'observe les yeux étant fermés, on remarquera encore qu'elle se déplace dans la direction intentionnelle du regard, mais nullement dans les mouvements imprimés artificiellement au globe de l'œil.

Est-il nécessaire de faire remarquer que, si l'image avait un siège périphérique sur la rétine, cette différence dans les résultats obtenus par les deux espèces de mouvements ne devrait pas exister? Une image persistante de la rétine se déplacerait dans la déviation mécanique du globe aussi bien que dans les mouvements normaux, au même titre qu'un scotome positif produit par une lésion de la macula.

Le professeur Exner, de Vienne, que j'ai omis de citer dans ma courte communication à la Société de Biologie, m'a réfuté dans une forme assez peu courtoise[1], mais la vivacité du langage n'a jamais remplacé les bons arguments. Il ne nie pas les faits sur lesquels je m'appuie, il en conteste la signification.

Il dit à propos de la première expérience : « Je tiens cette interprétation pour erronée, c'est à peine s'il est besoin de l'établir. » En effet, il ne l'établit pas. Il invoque les faits d'antagonisme des champs visuels et s'abrite derrière la notion confuse que l'on a de cet antagonisme pour donner l'illusion d'une réponse.

Helmholtz n'a pas craint de dire que ces faits d'antagonisme des champs visuels ne peuvent pas s'expliquer par une disposition organique et qu'ils sont le résultat d'un « acte psychique ». Mais où donc localise-t-on cet acte psychique, si ce n'est dans le cerveau.

Dans l'étude des relations fonctionnelles des deux yeux, j'expliquerai en quoi consistent ces faits d'antagonisme, qui ne sont en réalité que l'antagonisme des différents modes de vision que j'ai décrits. Ils se produisent en particulier, quand on sollicite la vision binoculaire dans des conditions où elle ne peut pas s'exercer régulièrement ; il y a

---

[1] F. EXNER. *Repertorium der Physik*. Wien, mars 1884.

alors substitution de la vision simultanée ou de la vision alternante à la vision binoculaire. Mais cette substitution qui implique le changement des rapports qui unissent les rétines aux centres visuels, est essentiellement un acte cérébral.

Dans la conception psychologique, comme dans la conception physiologique de l'antagonisme des champs visuels, on arrive donc à la conclusion qu'il s'agit d'un processus cérébral. Si le transport d'une image consécutive d'un œil à l'autre est le résultat de cet antagonisme, comment Exner peut-il y trouver la preuve du siège rétinien de ces images ?

Au surplus, que vient faire ici l'antagonisme des champs visuels, qui implique pour se produire l'impression de deux rétines en même temps, qui exige que les deux yeux soient ouverts, alors que, dans l'expérience en question, on ne se sert alternativement que d'un œil ? C'est créer à plaisir la confusion.

Exner réfute de la manière suivante la seconde expérience : « Ce fait me semble s'expliquer de lui-même et ne justifie nullement le siège cérébral des images consécutives. Car, lorsque nous faisons agir les muscles de l'œil, les images des objets immobiles se meuvent sur la rétine ; cependant nous ne voyons pas les objets comme s'ils se mouvaient, attendu que nous avons la conscience, faible, il est vrai, que nous innervons les muscles de l'œil. Si au contraire les muscles de l'œil sont au repos et si les images se meuvent sur la rétine, nous percevons les objets en mouvement. Tel est le cas quand, au repos des muscles, je déplace le globe de l'œil par la pression du doigt. C'est pourquoi, comme le dit très bien Parinaud, le plan sur lequel est projetée l'image secondaire semble se mouvoir, mais l'image secondaire elle-même ne se déplace pas. Or, quand une image ne change pas de place sur la rétine, alors que les muscles sont au repos, comment y aurait-il perception de mouvement ? »

Exner nous conduit encore ici sur le terrain mouvant de la psychologie. A ce raisonnement, j'oppose deux faits.

1° La vision stéréoscopique s'obtient, ainsi que nous le verrons, à l'aide d'images avec projection fausse, c'est-à-dire projetées dans une direction qui n'est pas celle de l'objet, avec déplacement apparent de l'objet, bien que le mouvement des yeux s'exécute sous l'influence de l'innervation normale des muscles.

2° Un phosphène, produit par une pression latérale de l'œil, se déplace verticalement si avec le doigt on imprime au globe de l'œil un déplacement vertical, bien qu'il n'y ait pas de déplacement correspondant de l'image rétinienne sur la rétine.

J'oppose encore au raisonnement de Exner le raisonnement suivant :

Le mécanisme physiologique de l'extérioration des images, c'est-à-dire du transport au dehors de la sensation visuelle, nous est inconnu. Il n'est pas scientifique de s'appuyer sur l'inconnu pour une démonstration. Mais la connaissance de ce mécanisme n'est pas nécessaire pour établir le siège cérébral des images consécutives, par le seul raisonnement, en s'appuyant sur des faits positifs.

Dans la seconde partie de ce travail, en étudiant la projection spéciale à la vision binoculaire, je ferai remarquer que la vision normale comprend un double processus, le processus d'impression et le processus d'extérioration; que dans les deux cas il faut distinguer le trajet oculaire et le trajet cérébral. La projection ne peut être modifiée que par le cerveau; dans le trajet oculaire, tout se passe suivant les lois de la réfraction. Dans le processus d'extérioration, une image rétinienne est projetée suivant la ligne qui part de ce point et passe par les deux points nodaux. Dans les déplacements du globe de quelque nature qu'ils soient, cet axe de projection conserve les mêmes rapports avec l'axe principal, c'est-à-dire qu'il doit être influencé par les mouvements du globe.

Si tout se passait dans l'œil, comme ont semblé le croire les physiciens qui se sont occupés de la vision, la ligne d'impression et la ligne de projection seraient toujours confondues. La dissociation entre la ligne d'impression et la ligne de projection, qui a lieu dans tous les cas de déplacement apparent de l'objet, ne peut se produire que dans le trajet cérébral ; elle tient à ce que la ligne de projection, au moment où elle pénètre dans l'œil, n'a plus la même direction que la ligne d'impression, mais, dans son trajet oculaire, elle obéit toujours aux lois de la réfraction. Voilà des faits qui, je pense, ne sauraient être contestés par personne. Une image de siège rétinien doit donc être influencée par les mouvements du globe, quels qu'ils soient, au même titre que l'image projetée d'un point lumineux placé sur la rétine dans l'œil artificiel.

Voilà ce que dit le raisonnement, et c'est ce que l'expérience confirme.

Dans la vision normale, le problème est complexe, non seulement parce qu'il y a un double processus d'impression et de projection avec trajet oculaire et trajet cérébral, mais parce qu'il y a, ainsi que j'aurai à le dire, deux modes de projection, celui de l'appareil de vision binoculaire, et celui de l'appareil de vision simultanée.

Dans l'expérience qui nous occupe et qui consiste dans la différence de projection de l'image consécutive, suivant que l'œil se déplace sous l'influence de l'innervation normale, ou d'une pression à l'aide du doigt, le processus d'impression est supprimé, et l'expérience réussit aussi bien quand les yeux sont fermés que lorsqu'ils sont ouverts. Or, les phosphènes développés par une excitation mécanique de la rétine nous permettent d'expérimenter dans les mêmes conditions, les yeux étant fermés, avec des images de siège sûrement rétinien.

Il y a longtemps que Serre d'Uzès et Giraud Teulon ont démontré que les phosphènes sont projetés, conformément aux lois de la réfraction, dans la direction où un objet extérieur viendrait former son image sur le point de la rétine qui est le siège de l'excitation mécanique. Or, la projection du phosphène est influencée par tous les déplacements du globe, qu'ils soient produits par l'innervation normale des muscles, ou par déplacement à l'aide du doigt. Si on développe un phosphène par une pression exercée près du grand angle de l'œil, et que l'on imprime en même temps des mouvements verticaux au globe de l'œil, à l'aide du doigt, on voit nettement le phosphène se déplacer verticalement, conformément à ce que le raisonnement indique. Nous savons que l'image consécutive se comporte différemment, et reste immobile, dans les mêmes conditions. Si elle est de siège rétinien, Exner, qui est un professeur de physique distingué, devra nous expliquer cette dérogation aux lois de la physique.

A ces preuves, déjà nombreuses, du siège cérébral des images consécutives, on peut en ajouter une autre, tirée des phénomènes de contraste que je vais étudier. Les faits de contraste, ainsi que nous allons le voir, sont directement liés à la production des images consécutives. Or, on peut réaliser la modification physiologique qui produit le contraste dans un œil en impressionnant seulement l'autre. Manifestement, cela ne peut se produire qu'avec le siège cérébral de l'image inductrice.

III. — LE CONTRASTE DES COULEURS
SA RAISON PHYSIOLOGIQUE. SON SIÈGE CÉRÉBRAL[1]

Depuis les travaux de Chevreul, on a étudié minutieusement les conditions physiques qui produisent le contraste des couleurs, mais nous ne sommes pas encore fixés sur les causes du phénomène, c'est-à-dire sur les propriétés de l'organe visuel qui lui donnent naissance.

Les phénomènes de contraste, ceux des couleurs proprement dites, comme ceux du blanc et noir, qui sont de même nature, sont liés à la production des images consécutives. C'est dans les caractères et les propriétés de ces images qu'il faut chercher les lois qui les régissent.

On distingue deux espèces de contraste, le contraste *consécutif* et le contraste *simultané*.

Contraste consécutif.

Le contraste consécutif suppose deux impressions se produisant successivement sur la même partie de la rétine. La seconde se trouve modifiée par la première.

EXPÉRIENCE 1. — Fixez une surface rouge pendant quelques secondes avec l'œil droit, le gauche étant fermé ; regardez ensuite une autre couleur rouge, elle vous paraîtra

---

[1] Je reproduis ici ma communication à la Société de Biologie (22 juillet 1882). La forme seule en a été modifiée en certains endroits pour la clarté de l'exposition.

plus pâle qu'avec l'œil gauche qui n'a pas reçu l'impression. Regardez au contraire une surface verte; elle vous paraîtra plus saturée qu'avec l'œil gauche.

L'interprétation du phénomène est facile. L'impression d'une couleur, suffisamment prolongée, laisse après elle, dans la partie correspondante du champ visuel, la sensation plus ou moins persistante de la couleur complémentaire. C'est l'image négative; l'image positive, trop fugace, intervient rarement dans le contraste consécutif. Cette sensation subjective s'ajoute aux effets des impressions nouvelles et les modifie de telle sorte qu'une couleur de même ton que la première paraîtra moins saturée, tandis qu'une couleur qui se rapproche de la complémentaire paraîtra plus saturée qu'elle ne l'est réellement.

Il est de toute évidence que le contraste successif est lié à la production des images consécutives. Je n'insiste donc pas.

Contraste simultané.

C'est surtout le contraste simultané qui a fixé l'attention des observateurs; c'est sur lui que l'on a discuté sans en donner une explication satisfaisante. Il s'agit de démontrer qu'il est, tout comme le contraste successif, lié à la production des images consécutives.

Le contraste simultané est caractérisé par ce fait qu'une surface incolore placée, dans certaines conditions, sur un fond coloré paraît teintée de la couleur complémentaire de celle du fond. Pour la même raison, une couleur placée sur ce fond coloré, ou seulement dans le voisinage d'une autre couleur, peut être modifiée dans sa teinte.

Entre plusieurs exemples, choisissons le plus connu, celui des ombres colorées.

Expérience II. — A l'aide de deux lumières, l'une blanche (celle du jour), l'autre colorée (la lumière jaune-orange d'une bougie), on projette sur un écran deux ombres d'une même tige. L'ombre qui est produite par l'interception de la lumière blanche est éclairée par la bougie et présente la couleur jaune de la flamme. L'ombre produite par l'interception de la lumière de la bougie et qui est éclairée par la lumière blanche, *paraît bleue*, de la teinte complémentaire de la flamme de la bougie.

Dans cette expérience classique, remarquons d'abord que ce n'est pas l'opposition des deux ombres qui produit le contraste. On peut couvrir l'ombre jaune sans que la bleue perde sa couleur. C'est en réalité *la couleur du fond*, mélange de jaune et de blanc, qui produit le contraste.

La couleur de l'ombre bleue qui n'a pas de réalité objective, a-t-elle une réalité subjective, c'est-à-dire est-elle produite par une modification des éléments nerveux ou bien n'est-elle que l'effet d'une illusion, d'une *erreur de jugement*. Cette dernière interprétation, qui constitue la théorie psychique, est celle de Helmholtz. Elle a été combattue par Hering qui lui oppose une théorie physiologique déduite de sa théorie générale des substances visuelles.

Le contraste simultané, comme le contraste successif, est lié à la production des images consécutives. Il relève de la propriété suivante de l'appareil visuel : *Une image consécutive produite par une impression chromatique sur une partie de la rétine, développe, dans la partie non impressionnée, la sensation de la couleur complémentaire.*

Pour établir ce fait fondamental, il ne faut pas se mettre dans les conditions ordinaires des expériences de contraste, mais étudier directement l'effet des images consécutives, c'est-à-dire après suppression de la couleur objective.

Expérience III. — Un carton carré de 10 centimètres de côté présente, sur une de ses faces, une moitié blanche et l'autre rouge. La face opposée est complètement blanche. Un point, tracé au centre du carton, sur les deux faces, servira à immobiliser le regard. On fixe pendant une minute le côté blanc-rouge en tenant le regard bien immobile. On retourne le carton, et, fixant le point central, on voit les deux moitiés de la surface blanche teintes de couleurs complémentaires. Celle qui correspond à la moitié de la rétine impressionnée par la couleur rouge est verte, l'autre est rouge et un peu plus sombre.

On peut encore procéder de la manière suivante en expérimentant avec un seul œil : au centre d'une feuille de papier blanc, on trace un point que fixe l'œil droit, le gauche étant fermé. On avance au-devant de l'œil ouvert un verre rouge tenu verticalement jusqu'au contact du point fixé, de manière qu'une moitié de la rétine reçoive de la lumière rouge, l'autre de la lumière blanche.

Après quelques secondes, on retire le verre sans cesser de fixer le même point. Les deux moitiés du papier paraissent alors colorées de teintes complémentaires comme dans l'expérience précédente.

Le développement de la sensation rouge dans la partie du champ visuel qui n'a reçu aucune impression chromatique est bien évidemment lié à celui de la sensation verte dans la partie qui a été directement impressionnée. Toutes deux apparaissent dès que l'on supprime le verre et toutes deux s'effacent en même temps, ou à peu près.

Cette même sensation rouge est bien une sensation réelle, et non l'effet d'une erreur de jugement par comparaison avec la couleur de l'image consécutive verte, car on peut supprimer ou du moins atténuer beaucoup la perception de l'image consécutive verte sans qu'elle cesse d'exercer son action inductrice sur la partie de l'appareil visuel non impressionnée. On obtient ce résultat en glissant sur la moitié du papier qui paraît coloré par l'image consécutive verte un écran noir. Dans ces conditions, la couleur verte est difficilement perçue, tandis que le rouge ne perd rien de son intensité de couleur ; il est seulement modifié dans son intensité lumineuse par un nouvel effet de contraste.

On peut encore supprimer la sensation de l'image consécutive inductrice, en expérimentant de manière à ce qu'elle soit projetée dans le vide ou sur un fond très éloigné.

Les images consécutives positives jouissent d'ailleurs de la même propriété que les images négatives. Comme elles sont très fugitives, elles se prêtent plus difficilement aux expériences. On peut cependant constater la propriété inductrice de ces images en procédant de la manière suivante :

Expérience IV. — Le carton mi-partie blanc et rouge est placé sur une table de manière à recevoir directement la lumière solaire. Les yeux étant tenus fermés pendant une minute, recouverts de la main pour les soustraire plus complètement à la lumière, on les ouvre rapidement et l'on fixe pendant moins d'une seconde la feuille de papier, puis on les ferme de nouveau. On voit alors apparaître les images positives des deux surfaces. L'image de la moitié rouge est rouge, et celle de la moitié blanche offre une teinte verte.

L'action inductrice des images consécutives est tout à fait comparable, on le voit, aux phénomènes de polarisation électromagnétique, à ce qui se passe dans un corps que l'on aimante. Toute modification électromagnétique que l'on détermine dans une partie de ce corps s'accompagne d'une modification contraire dans les autres parties de ce corps.

Telles sont les propriétés des images consécutives. Pour comprendre leur rôle dans les phénomènes de contraste simultané, il faut maintenant considérer que lorsqu'une couleur impressionne la rétine, elle détermine une modification des éléments nerveux qui répond à la sensation de cette couleur. Si l'on supprime l'excitation et si elle n'a pas été trop prolongée ou trop intense, la modification des éléments nerveux se traduit par l'image consécutive positive, de même couleur que l'objet qui excite la rétine. Si au contraire l'excitation a été suffisamment prolongée, lorsqu'on la supprime, cette modification nerveuse est remplacée par la modification contraire, donnant l'image consécutive négative. Appelons la première modification des éléments nerveux *état positif*, la seconde *état négatif*.

Tant que l'excitation dure, elle tend à maintenir l'état positif des éléments nerveux. Voilà pourquoi la couleur induite qui se développe dans les parties non impressionnées, et qui produit le contraste simultané, est complémentaire de la couleur objective dans les conditions ordinaires où se produit le contraste.

Mais il y a des cas, signalés par Brucke et Helmholtz, où la couleur de contraste qui était d'abord complémentaire de la couleur objective est remplacée par la couleur homonyme, si l'observation se prolonge. Ce fait, en apparence paradoxal, s'explique naturellement si l'on considère que ce n'est pas précisément la couleur objective qui produit ce contraste, mais *la modification qu'elle détermine dans les éléments nerveux*. Or nous savons que l'impression des éléments nerveux par une couleur, détermine d'abord l'état positif correspondant à la couleur, mais que l'état négatif lui succède quand l'excitation se prolonge. Tant que l'excitation

persiste, elle tend à maintenir l'état positif ; l'état négatif
se manifeste surtout quand on cesse l'excitation. Mais ce
n'est pas une règle absolue ; l'état négatif peut se développer même lorsque la couleur objective continue à impressionner l'œil, si cette couleur est vive ou si son action se
prolonge. Ce sont précisément les conditions qui font
changer de caractère la couleur de contraste.

C'est pour la même raison que des couleurs peu intenses
sont nécessaires pour la production et la persistance du
contraste simultané, dans les différentes expériences qui réalisent le phénomène.

Au résumé, tous les phénomènes du contraste chromatique ont leur cause dans les deux propriétés suivantes de
l'appareil visuel, déduites des caractères des images consécutives.

1° Toute impression d'une couleur sur la rétine détermine dans les éléments nerveux un état particulier qui se
traduit par une sensation persistante positive ou négative.
Cette sensation consécutive, surtout la négative, modifie les
impressions nouvelles qui portent sur les mêmes parties de
la rétine (contraste successif).

2° A cet état des parties directement impresionnées, correspond, dans les parties qui n'ont pas reçu l'impression,
l'état contraire, qui donne la sensation de la couleur complémentaire. Cette nouvelle sensation subjective est la cause
du contraste simultané ; comme la première, elle modifie
les impressions nouvelles.

Siège cérébral du contraste des couleurs.

Nous venons de voir que les phénomènes de contraste
consécutif ou simultané relèvent, en définitive, de la pro-

duction des images consécutives. Or je crois avoir établi, dans l'article précédent, le siège cérébral de ces images. Mais on peut donner une preuve directe de ce siège cérébral, en ce qui concerne le contraste simultané.

Lorsque la sensation inductrice et la sensation induite se développent sur le même œil, on peut supposer que la réaction se passe dans la rétine, mais si la couleur n'agit que sur un œil, et si la sensation induite se développe dans l'autre, on sera bien obligé d'admettre que cette réaction a lieu dans le cerveau.

EXPÉRIENCE V. — Un verre rouge étant placé sur l'œil droit, on fixe *avec les deux yeux* une surface blanche vivement éclairée. Portant ensuite le regard sur une surface blanche ou grise, moins fortement éclairée, et fermant alternativement l'un des yeux, on voit que l'image consécutive de chacun d'eux est diversement colorée. Celle de l'œil droit muni d'un verre rouge, est verte, celle de l'œil gauche, qui n'a reçu que de la lumière blanche, est rouge.

EXPÉRIENCE VI. — Le carton mi-partie blanc et rouge étant directement éclairé par la lumière solaire, on applique au-devant de chaque œil un tube noirci à l'intérieur, de manière que l'œil droit ne voie que la surface rouge, l'œil gauche la surface blanche. Si par une fixation très courte, on développe des images consécutives positives, on remarque que l'image de l'œil gauche est verte, de teinte complémentaire de celle de l'œil droit.

Des expériences analogues ont été faites par d'autres auteurs et sont désignées sous le nom de *contraste binoculaire*, mais on ne leur a pas donné la signification que je leur attribue. En 1882, l'année où je faisais cette commu-

nication à la Société de Biologie, Gorham[1] a publié des
expériences analogues à l'expérience VI, sans faire allusion
aux phénomènes de contraste. Mais il invoque à juste titre
l'action cérébrale. Après les détails dans lesquels je viens
d'entrer, on reconnaîtra facilement que les résultats qu'il a
obtenus ne sont autres que des effets de contraste simultané, dans lesquels la couleur inductrice agissant sur un
œil, la couleur induite se développe dans l'autre, la couleur
induite pouvant être complémentaire ou homonyme de la
couleur inductrice objective, suivant la durée de l'excitation, d'après les lois que je viens d'étudier.

[1] GORHAM. *On the blending of colours by the sole agency of the sensorium.*
Brain, janv. 1882.

DEUXIÈME PARTIE

RELATIONS FONCTIONNELLES DES DEUX YEUX

CHAPITRE PREMIER

CONSIDÉRATIONS ANATOMIQUES

L'appareil visuel est composé, comme tout appareil organique en général, d'une partie sensorielle et d'une partie motrice reliées entre elles par des connexions nerveuses.

La vision avec les deux yeux suppose trois espèces de connexions nerveuses : les premières entre les deux rétines pour associer leur action, les secondes entre les nerfs moteurs des muscles pour associer les mouvements des deux yeux, les troisièmes entre la partie sensorielle et la partie motrice de l'appareil pour les associer dans la même fonction. Ces dernières connexions constituent la base anatomique des réflexes.

Pour qu'il y ait vision avec les deux yeux, il faut, comme première condition, qu'un objet puisse impressionner en même temps les deux rétines, il faut qu'il y ait un champ visuel commun.

Observons que, chez certains animaux, cette condition ne peut être réalisée à cause de la position latérale des globes oculaires, ayant chacun un champ visuel distinct. Chez ces animaux, il ne peut naturellement être question de la vision d'un objet avec les deux yeux en même temps.

Chez d'autres, au contraire, les axes des orbites et des globes oculaires sont plus ou moins dirigés en avant, de telle sorte que les champs visuels de chaque œil empiètent l'un sur l'autre, et se superposent dans une étendue plus ou moins grande. Dans ce champ visuel commun, un objet impressionne nécessairement les deux rétines en même temps. Chez l'homme, le champ visuel commun au repos est de 120° environ dans le sens horizontal, bien plus petit que la somme des deux champs visuels monoculaires qui est de 200°. Dans le sens vertical il est le même que le champ visuel monoculaire, qui est en moyenne de 55° en haut, 70° en bas. Par les mouvements oculaires, l'espace que le champ visuel commun peut embrasser se trouve naturellement agrandi.

À la vision indépendante des yeux disposés latéralement et à la vision commune des yeux dont les champs visuels se superposent, correspondent certainement des connexions nerveuses différentes des rétines avec les centres visuels.

L'entre-croisement des fibres optiques dans le chiasma total ou partiel, suivant les espèces, serait en parfaite conformité avec ces deux modes de vision. Malheureusement cette question est encore controversée par les anatomistes. On admet sans contestation l'entre-croisement total chez les oiseaux, le cobaye, la souris. Il serait également total chez le lapin, d'après Jacobsohn, tandis qu'il serait partiel chez le chat, le singe et l'homme pour un grand nombre d'anatomistes. Pour l'homme, l'entre-croisement partiel a été surtout soutenu par Gudden, il a été nié par Michel et Kœlliker, qui admettent que l'entre-croisement est toujours total.

Les plus récentes observations de dégénérescence à la

suite d'extirpation du globe oculaire, faites par Schmidt-Rimpler, Jacobsohn, sont favorables à l'entre-croisement partiel.

Quoi qu'il en soit, il est certain que, par une voie quelconque, les deux moitiés homonymes de chaque rétine se mettent en connexion avec l'hémisphère du même côté. Il est positivement établi qu'une lésion de l'hémisphère, siégeant au niveau de la scissure calcarine, produit l'hémiopie homonyme par insensibilité des deux moitiés des rétines du même côté.

La semi-décussation dans le chiasma paraissait autrefois nécessaire pour expliquer l'hémiopie ; avec les connaissances actuelles sur la structure cérébrale, cette semi-décussation semble moins indispensable. Du reste l'objection de Michel persiste toujours : les partisans de l'entre-croisement partiel sont obligés de reconnaître que le faisceau croisé est beaucoup plus considérable que le faisceau direct, par conséquent cet entre-croisement partiel n'explique pas l'hémiopie, où les moitiés insensibles des rétines sont égales en étendue aux moitiés restées sensibles. Même en admettant la semi-décussation dans le chiasma, il faut donc, pour expliquer l'hémiopie, que l'entre-croisement se complète dans un autre endroit qui pourrait être, d'après van Gehuchten, au niveau des tubercules quadrijumeaux antérieurs, où siège un premier centre optique.

La zone visuelle corticale siège dans le lobe occipital, au niveau de la scissure calcarine. Cherchons à établir le trajet des fibres optiques de la rétine à cette zone, d'après les idées généralement admises.

Rappelons d'abord que le nerf optique est un nerf tout à fait à part, ou plutôt qu'il n'est pas un nerf. Au point de vue embryologique comme au point de vue anatomique, le nerf optique et la rétine doivent être considérés comme une expansion orbitaire de la substance cérébrale.

Après avoir traversé l'orbite, les nerfs optiques, en pénétrant dans la cavité cranienne, paraissent se fusionner ensemble pour former le chiasma des nerfs optiques. Du chiasma émergent deux nouveaux faisceaux, les bandelettes optiques qui contournent les pédoncules cérébraux et se rendent dans plusieurs éminences situées au niveau du cerveau moyen et du cerveau intermédiaire, ce sont les corps genouillés externes, les tubercules quadrijumeaux antérieurs, et la partie postérieure de la couche optique. Chaque bandelette comprend trois sortes de fibres : des fibres directes venant de la rétine du même côté ; des fibres croisées venant de la rétine opposée et, à la partie la plus interne, des fibres commissurales qui ne se rendent pas dans les nerfs optiques et forment, à la partie postérieure du chiasma, la commissure de Gudden.

Les fibres des bandelettes se terminent, en grande partie du moins, par des ramifications libres dans la substance grise des corps genouillés externes, des tubercules quadrijumeaux antérieurs et de la partie postérieure de la couche optique. Un certain nombre de fibres, dites fibres longues, se rendent directement dans l'écorce cérébrale.

Les noyaux de substance grise des corps genouillés externes, des tubercules quadrijumeaux antérieurs et de la partie postérieure de la couche optique, constituent les centres optiques primaires ou sous-corticaux ; ils forment un véritable *centre optique inférieur* où s'établissent certainement des connexions multiples et dont l'importance fonctionnelle est attestée par le développement qu'il prend dans certaines espèces, chez les oiseaux, par exemple, où les lobes

optiques, si volumineux, représentent les tubercules quadrijumeaux antérieurs.

Le trajet des fibres du centre optique inférieur au centre
supérieur ou cortical est moins bien connu. On sait que le
faisceau des fibres optiques est contenu dans la partie postérieure de la capsule interne, où il est mêlé aux fibres auditives et aux fibres de sensibilité tactile, dans cette partie qui
constitue le carrefour sensitif de Charcot et Ballet. Le faisceau optique s'isole en se dirigeant en arrière, pour se répan-
dre dans le centre visuel situé à la partie postérieure et interne du lobe occipital, au niveau de la scissure calcarine[1].

La disposition organique qui relie les deux moitiés homonymes de chaque rétine à l'hémisphère du même côté est
sans doute fort importante, cependant elle nous donne une
idée très incomplète des connexions qui relient les rétines
aux centres visuels. Non seulement elle est impuissante à
nous donner l'explication du fonctionnement de l'appareil
visuel, mais elle est plus propre à nous égarer qu'à nous
guider dans cette étude. Nous verrons que ce fonctionnement suppose des connexions autrement complexes.

La pathologie nous a fait entrevoir depuis longtemps la
complexité de ces connexions. En 1882 j'ai admis, avec Charcot, l'existence de connexions mettant en rapport chaque
rétine dans sa totalité, avec l'hémisphère du côté opposé. (*Des
rapports directs et croisés des nerfs optiques avec les hémisphères*. Société de biologie, 11 mars 1882.) Plus tard, d'autres faits m'ont conduit à admettre des connexions différentes
pour la vision centrale et la vision périphérique. L'anatomie commence à démêler la disposition organique qui nous
permettra de comprendre la complexité de ces rapports. Je

---

[1] Sur cette question, voyez les travaux de Déjerine, Brissaud et Vialet.

me bornerai à signaler deux faits qui se dégagent des travaux récents : d'abord le rôle du corps calleux comme organe d'association des centres visuels de chaque hémisphère, en second lieu, l'existence d'un trajet distinct pour les fibres qui servent à la vision centrale.

Du reste, ce n'est pas seulement dans l'anatomie descriptive qu'il faut chercher la disposition organique qui régit les phénomènes visuels, c'est surtout dans la structure intime du cerveau, dans la disposition et le fonctionnement des éléments nerveux. Je vais avoir à rappeler les travaux qui ont transformé si complètement nos idées sur cette question.

La vision avec les deux yeux suppose en second lieu des connexions nerveuses destinées à assurer la synergie d'action des muscles et à faire mouvoir les deux yeux comme un seul organe.

Les agents immédiats des mouvements oculaires sont les muscles, au nombre de six pour chaque œil, et les nerfs qui innervent ces muscles, au nombre de trois pour chaque œil. Il est superflu d'insister ici sur l'action de chaque muscle. Cette étude, qui a été faite et bien faite, a surtout de l'intérêt pour l'étude physique des mouvements du globe oculaire, mais elle ne nous avance pas beaucoup dans la connaissance du fonctionnement de l'appareil visuel. Le mouvement le plus simple, en apparence, n'est pas le résultat de l'action d'un seul muscle, mais de l'action coordonnée de plusieurs muscles, coordination qui est une fonction de l'appareil nerveux.

Soutenu par les six muscles qui l'enveloppent, par les parties fibreuses et les coussinets graineux plus ou moins incompressibles, l'œil se meut dans l'orbite à la manière de la tête du fémur dans sa cavité, c'est-à-dire qu'il n'exécule que des mouvements de rotation. D'après Donders et Dojer, le centre de ces rotations, à peu près fixe, est situé, pour un œil moyen, à 10 millimètres en avant de la rétine, coïncidant avec le centre anatomique de l'œil supposé sphérique. La ligne reliant les deux centres s'appelle *ligne de base*. On appelle *position primaire* des yeux celle qui correspond à la direction horizontale des lignes de regard, quand nous fixons devant nous, la tête droite et au repos. Toute autre position est dite *secondaire*.

Il résulte des recherches de Ruete, Donders, Listing, faites à l'aide des images consécutives, que dans le passage de la position primaire à une position secondaire quelconque, la rotation s'exécute autour d'un axe unique. *Cet axe unique est perpendiculaire à la fois aux deux directions successives des lignes visuelles* (loi de Listing). La loi de Listing n'est pas applicable pour le passage d'une position secondaire à une autre position secondaire ; elle ne l'est pas non plus pour les mouvements de convergence. Elle ne s'applique qu'à un cas particulier qui se présente rarement dans les mouvements habituels des yeux. L'étude des mouvements ainsi envisagée est donc assez spéculative et, malgré l'importance qu'on lui a attribuée, elle n'offre pas un grand intérêt pour le physiologiste.

La loi de Listing pourrait s'exprimer plus simplement : Le passage de la position primaire à une position secondaire se fait par le plus court chemin. Et encore : Le passage de la position primaire à une position secondaire se fait par le chemin qui exige la moindre dépense de force. Nous transformons ainsi la loi géométrique en une loi physiologique qui, selon toute vraisemblance, s'applique à tous les mouvements de l'œil et, par suite, est plus générale. Si la loi géométrique comporte de nombreuses exceptions et ne se confond avec la loi physiologique que dans des limites restreintes, c'est que les mouvements de l'œil ne sont que très imparfaitement comparables à ceux d'une sphère roulant dans un contenu de même forme, sans autre résistance que les frottements. Il y a en effet, outre le défaut de sphéricité absolue du globe de l'œil, les résistances opposées par le nerf optique, les muscles, les ailerons tendineux qui le relient à l'orbite. On peut donc admettre avec une grande probabilité, que la loi qui préside aux mouvements oculaires est la suivante : *Le passage d'une position quelconque de l'œil à une autre position se fait par le chemin qui exige la moindre dépense de force.*

Mais cela ne nous apprend pas le mécanisme de ces mouvements, leurs différents modes d'innervation, les influences qui les déterminent, leur rôle dans le fonctionnement de l'appareil visuel. C'est là le véritable but de la physiologie. Revenons-y donc.

Si nous observons les caractères objectifs des mouvements oculaires, nous sommes immédiatement frappés par ce fait que, dans l'état normal, ce sont toujours des *mouvements associés*, c'est-à-dire qu'un mouvement exécuté par un œil l'est invinciblement par l'autre.

Une observation un peu plus attentive nous permet de reconnaître que ces mouvements associés sont de deux espèces. Les uns nous permettent de diriger les yeux simultanément en haut, en bas, à gauche, à droite, sans modifier sensiblement l'état de parallélisme ou le degré de convergence des axes. Ce sont les *mouvements associés de direction.* Les autres, au contraire, ont pour caractère de modifier les rapports des axes oculaires entre eux, de manière à les faire converger sur l'objet fixé, quelle que soit sa distance. Ce sont les mouvements associés de convergence que l'on pourrait aussi appeler, en les opposant aux premiers, mouvements *associés de distance*.

Si nous considérons la musculature interne de l'œil, nous voyons également que les mouvements de l'iris, comme ceux de l'accommodation, sont toujours les *mouvements associés*.

Nous voyons enfin que les mouvements extrinsèques et intrinsèques des yeux sont associés entre eux. Le mouvement de convergence, le mouvement d'accommodation et les mouvements pupillaires s'exécutent synergiquement.

Le fonctionnement de l'appareil moteur des yeux implique donc, comme première condition, des centres d'association qui assurent l'automatisme de ces mouvements, de telle sorte qu'un mouvement exécuté par un œil l'est nécessairement par l'autre.

L'existence de ces centres d'association est démontrée par les faits cliniques et par quelques notions anatomiques. Dans un mémoire sur les *Paralysies des mouvements associés des yeux* (*Arch. de neurologie*, mars 1883), j'ai signalé différents types de paralysies attestant l'existence de ces centres d'association des différents mouvements.

C'est une observation clinique de Féréol, qui a fait connaître le rôle du noyau de la sixième paire dans l'association des mouvements horizontaux.

J'ai décrit une autre forme de paralysie intéressant les mouvements d'élévation et d'abaissement, ainsi que le mouvement de convergence. Si l'on combine ce type avec celui qui altère les mouvements horizontaux, on réalise la synthèse de l'ophtalmoplégie externe, c'est-à-dire de la paralysie de tous les mouvements extrinsèques de l'œil, avec conservation des mouvements intrinsèques, qui constitue une autre forme de paralysie des mouvements associés connue sous le nom d'ophtalmoplégie interne.

La pathologie nous montre encore l'altération des mouvements associés qui relèvent de la musculature interne de l'œil, ceux de l'iris, ceux de l'accommodation, qui peuvent être altérés simultanément ou indépendamment.

Dans la forme de paralysie que j'ai qualifiée de paralysie essentielle de la convergence, nous avons un exemple d'altération simultanée des mouvements associés de convergence et d'accommodation, attestant l'existence d'un nouveau genre de connexion, reliant la musculature externe et interne de l'œil.

Les faits physiologiques et pathologiques concordent donc très bien pour établir l'existence de centres d'associations multiples des mouvements oculaires. L'anatomie pure nous fournit peu de renseignements positifs sur ces centres d'association.

Nous savons par les recherches anatomiques de Duval et Laborde, confirmatives des observations cliniques, que dans le noyau de la sixième paire existe un premier centre d'association des mouvements horizontaux. Le noyau de la sixième paire innerve, en réalité, le droit externe de l'œil du même côté et le droit interne de l'œil opposé.

En ce qui concerne les muscles innervés par la troisième paire, signalons l'opinion de Gudden et Westphal, d'après laquelle, de chacun des noyaux d'origine émaneraient deux espèces de fibres, les unes directes, les autres croisées.

Il y a donc dans les noyaux d'origine des nerfs des connexions qui servent à l'association des mouvements oculaires. Mais il est probable, comme l'admet Sauvineau, qu'il existe un autre centre d'association supra-nucléaire, siégeant vraisemblablement dans les tubercules quadrijumeaux, comme sembleraient l'indiquer les expériences d'Adamuck et les observations anatomo-cliniques de Thomsen, ou dans la paroi postérieure du quatrième ventricule. Bechterew a signalé récemment dans les origines de la troisième paire un noyau médian impair siégeant précisément au-dessous des tubercules quadrijumeaux, qui est sans doute le siège de cette association (*Arch. f. Anat.*, 1897).

Pour les muscles internes de l'œil, iris et accommodation, dont les nerfs ont leur origine dans des groupes cellulaires distincts appartenant aux noyaux de la troisième paire (Hansen et Welkers, Kahler, Pick) l'association s'établit peut-être dans ces mêmes noyaux. Mais il est probable qu'il y a, comme pour les mouvements extrinsèques, d'autres éléments d'association dans le voisinage du centre visuel inférieur. Pour les mouvements pupillaires, le fait est d'ailleurs établi par les expériences de Gudden (tubercules quadrijumeaux), Darkschewitsch, Mendel (ganglion de l'habenula), Bechterew (paroi postérieure du quatrième ventricule).

Quoi qu'il en soit du siège de ces centres inférieurs d'association, assurant d'une manière automatique la synergie d'action des muscles, il est certain qu'ils existent. Il est certain également que ces centres inférieurs ont des connexions multiples avec les différents départements cérébraux, servant aux influences qui les actionnent.

L'étude anatomique de l'appareil sensitivo-moteur de la vision comporte un autre aspect. Nous devons envisager cet appareil à la lumière des découvertes récentes sur la structure et le fonctionnement de l'appareil nerveux. Ces découvertes jettent un jour tout nouveau sur le fonctionnement de l'appareil visuel, moins par ce qu'elles nous apprennent sur la disposition de cet appareil en particulier, que par les notions générales sur l'anatomie et le fonctionnement des appareils sensoriels. Par suite de l'erreur qui a fait dévier l'étude de la vision et que j'ai eu plusieurs fois l'occasion de signaler, on s'est habitué à considérer l'œil comme un organe à part, son étude comme relevant de méthodes particulières, empruntées à la fois à la psychologie et aux mathématiques, on l'a en quelque sorte séparé du cerveau dont l'action a été remplacée par des hypothèses métaphysiques. Il faut sortir de cette fiction et chercher l'explication des phénomènes visuels, exclusivement dans la disposition organique, non seulement de l'œil lui-même, mais de la partie centrale ou cérébrale de l'appareil visuel. Or, dans leur représentation cérébrale, tous les appareils sensoriels et l'appareil de sensibilité tactile, qui en est le prototype, affectent une même disposition générale et leur fonctionnement est soumis aux mêmes lois.

Il y a donc grand intérêt, pour l'intelligence des phénomènes visuels, à se pénétrer de ces notions générales.

Rappelons d'abord la découverte capitale de Ramon y Cajal, démontrant que toutes les cellules de l'axe cérébrospinal se terminent par des ramifications libres ; que la transmission de l'influx nerveux de la périphérie au centre, ou du centre à la périphérie, se fait, non par continuité, mais par contiguïté des éléments de conduction. Ce n'est pas, comme on le croyait, un fil ininterrompu qui relie l'organe périphérique aux centres cérébraux, mais une suite de chaînons, de *neurones*, qui n'ont entre eux que des rapports de contact. Cette découverte ouvre à la physiologie cérébrale une voie aussi nouvelle que féconde ; elle transforme et précise nos idées et nous fait entrevoir la possibilité de trouver l'explication organique non seulement des phénomènes sensoriels, mais des phénomèmes psychiques eux-mêmes.

En ce qui concerne l'appareil visuel, elle nous permet surtout de concevoir comment s'établissent les connexions nerveuses si multiples et si complexes qu'implique ce fonctionnement. Connexions qui, ainsi que nous l'avons dit, sont de trois sortes, celles qui relient les différentes parties de l'appareil sensoriel, celles qui relient les différentes parties de l'appareil moteur, celles qui relient l'appareil sensoriel et l'appareil moteur, servant aux actions réflexes.

Tous les appareils sensoriels, ceux de la vue, de l'ouïe, de l'odorat, ainsi que l'appareil de sensibilité tactile, sont essentiellement représentés, dans le système nerveux, par une chaîne de neurones sensitifs à conduction centripète et par une chaîne de neurones moteurs à conduction centrifuge. Ces deux chaînes affectent sur différents points de leur parcours des connexions servant aux actions réflexes. Il n'y a même que cela dans l'appareil cérébro-spinal de certains animaux inférieurs.

Mais cette disposition générale, commune à tous les appareils, comporte des modifications de détail extrêmement nombreuses et complexes. Examinons à ce point de vue les particularités qui caractérisent l'appareil visuel.

Remarquons d'abord que si la conduction sensitive est essentiellement centripète, elle n'est pas exclusivement centripète. Il y a en effet dans le nerf optique des fibres à courant centrifuge qui, du centre visuel inférieur, se rendent dans les spongioblastes de la rétine. Il ne faut pas confondre ces fibres avec d'autres, également à courant centrifuge, dont Monakow a démontré l'existence dans la couronne rayonnante de Reil, où elles sont mêlées aux fibres visuelles à courant centripète. Les fibres découvertes par Monakow sont évidemment des fibres motrices, allant du centre visuel cortical au centre visuel inférieur et servant aux actions réflexes.

La chaîne des neurones sensitifs a, dans les deux rétines, une double origine. Nous avons dit que les éléments de conduction centripète de chaque rétine affectent entre eux des connexions nombreuses pour assurer les relations fonctionnelles des deux rétines et les différents modes de vision dont nous aurons à parler. Ces relations peuvent s'établir soit par l'entre-croisement des fibres dans le chiasma, soit par la commissure de Gudden, soit dans les noyaux de substance grise qui constituent le centre visuel inférieur, soit même dans les centres corticaux par l'intermédiaire des fibres commissurales du corps calleux qui paraissent avoir pour fonction d'associer les centres des deux hémisphères.

Le centre visuel cortical où aboutit la chaîne de neurones sensitifs n'est pas un centre isolé des parties voisines et nettement circonscrit. Chez les mammifères supérieurs, il affecte des rapports multiples avec les autres centres de la corticalité cérébrale, rapports qui, chez l'homme, prennent une importance particulièrement grande.

On sait que les cellules nerveuses corticales forment, au point de vue de la direction de leurs prolongements, deux catégories bien distinctes. Les premières ont des prolongements qui pénètrent directement dans la masse cérébrale, se mettent en rapport avec les noyaux de substance grise intra-cérébraux et, par leur intermédiaire, avec les appareils périphériques. Ces fibres, à conduction centripète ou centrifuge, constituent les *fibres de projection*.

Les cellules de la seconde catégorie ont, au contraire, des prolongements à direction horizontale. Sans connexions directes avec les noyaux inférieurs et les appareils périphériques, elles relient entre elles les différents centres corticaux, ce sont les *fibres d'association*.

D'après Fleschsig, la corticalité du cerveau humain comprend deux espèces de centres ou de sphères, les sphères sensitivo-motrices ou de projection, au nombre de quatre, et les sphères d'association, au nombre de trois. Les sphères de projection existent seules chez les mammifères inférieurs servant de substratum à la vie purement animale, dont le mécanisme se réduit à des actes réflexes. Les sphères de projection seraient aussi les seules à fonctionner chez l'enfant nouveau-né. Les sphères d'association qui, sur le cerveau humain adulte, représentent les deux tiers environ de la surface corticale, constituent, d'après Fleschsig, les centres intellectuels. Ces centres recueillent les impressions qui leur arrivent par les centres de projection, les conservent à l'état d'images visuelles, auditives, tactiles, pour former les éléments des différentes mémoires et de toute la vie intellectuelle.

Les altérations pathologiques du centre visuel cortical confirment pleinement les idées de Fleschsig. Nous savons que la lésion de ce centre produit constamment l'hémiopie, mais cette hémiopie s'accompagne, dans certains cas, de troubles intellectuels singuliers. Le plus typique est celui que l'on a désigné du nom d'*alexie* ou impossibilité de lire, par perte de la mémoire visuelle des lettres et des mots. L'individu distingue les lettres les plus fines, mais il ne connaît plus leur nom et leur signification ; alors même qu'il peut en nommer quelques-unes, il ne peut pas lire le mot formé par les lettres qu'il reconnaît individuellement. Fait encore plus curieux, il peut écrire assez facilement, mais il ne peut pas lire ce qu'il vient d'écrire. On a dans ce fait clinique la preuve évidente qu'il y a dans le voisinage du centre visuel de projection, un ou plusieurs centres voisins, où les excitations de la rétine sont conservées à l'état d'images visuelles, constituant une des nombreuses modalités de la mémoire. L'altération de ces centres, avec intégrité de la vision proprement dite, constitue ce que l'on a appelé la *cécité psychique*[1].

Outre les connexions que les centres visuels peuvent affecter avec les centres d'association corticaux, il y a encore ceux qu'ils peuvent affecter avec les autres appareils sensoriels, soit indirectement, par l'intermédiaire des centres d'association, soit directement, par des fibres reliant les centres corticaux ou ganglionnaires, ceux des tubercules quadrijumeaux, par exemple, où les éléments de l'appareil visuel et auditif sont confondus.

Les connexions de l'appareil visuel et auditif peuvent rendre compte des faits curieux d'audition colorée, dans lesquels les sons éveillent des sensations de couleur, et de cet autre fait, observé par d'Arsonval sur lui-même, qu'après avoir fixé pendant quelques instants l'arc voltaïque, il devenait sourd momentanément.

Les connexions des chaînes de neurones centrifuges ou moteurs de l'appareil oculaire ne paraissent pas moins complexes que celles des neurones sensoriels.

Comme pour l'appareil sensoriel, il faut d'abord admettre des connexions entre les neurones des deux yeux pour assurer l'association des mouvements oculaires. Ces connexions

---

[1] Dans quelques cas d'hémiopie corticale, j'ai observé, outre l'alexie pure ou accompagnée d'agraphie, les complications suivantes :

1° La cécité totale pour les couleurs, cécité distincte de la perte de la mémoire du nom des couleurs, car le malade confond toutes les couleurs dans l'épreuve des laines de Holmgreen, où il n'a pas à les nommer;

2° Une diplopie spéciale, distincte de celle qui résulte d'un trouble de l'appareil moteur et que j'attribue à l'altération de la faculté cérébrale de fusionnement;

3° L'abolition du réflexe lumineux de la pupille.

peuvent s'établir, soit dans les noyaux protubérantiels, soit au niveau du centre visuel inférieur, soit dans les centres corticaux, soit, pour ce qui concerne les rapports des mouvements oculaires avec l'équilibration, dans le cervelet.

Outre les connexions qui président à l'association des mouvements oculaires, il y a à considérer celles de la musculature interne de l'œil, qui assurent la contraction synergique des deux pupilles et des muscles accommodateurs. Il y a encore à considérer celles qui relient la musculature interne et externe de l'œil, assurant la synergie de la convergence et de l'accommodation.

Je viens de signaler les faits anatomiques connus qui se rapportent aux noyaux d'origine de la troisième paire ou à des centres situés dans leur voisinage pour cette association; je n'y reviens pas. Bornons-nous seulement à signaler que c'est au niveau des noyaux protubérantiels et du centre visuel inférieur que les neurones moteurs des deux yeux prennent contact, pour l'association de leurs mouvements. Mais il est probable que ces centres d'association ne sont pas les seuls.

Outre les connexions qui unissent entre eux les neurones moteurs pour assurer l'association des mouvements extrinsèques et intrinsèques des yeux, il y a celles qui les unissent avec les autres départements cérébraux, et qui servent aux influences nombreuses qui actionnent ces mouvements. Il y a, en particulier, les connexions fondamentales qui unissent les neurones sensoriels et moteurs, servant de base anatomique aux actions réflexes dont il nous reste à parler.

Dans le fonctionnement des appareils organiques, les

plus simples comme les plus compliqués, les actions réflexes ont une importance considérable. Chez les animaux inférieurs, toutes les manifestations vitales paraissent se réduire à des actions réflexes[1]. Chez les mammifères supérieurs eux-mêmes, les manifestations de la vie purement animale ne comportent guère d'autre mécanisme. Goltz est parvenu à conserver vivant un chien dont il avait enlevé les hémisphères cérébraux. Ce chien était privé de mémoire et incapable de rechercher par lui-même, à l'aide des sens, les objets nécessaires à ses besoins, mais il marchait, se nourrissait et réagissait aux excitations des sens.

Les découvertes modernes sur la structure du système nerveux concordent avec ces données de physiologie générale, en nous montrant que le développement de l'appareil nerveux central se fait essentiellement en vue du mécanisme des actions réflexes.

La voie que suit l'innervation pour produire les réflexes, ce que l'on appelle l'arc réflexe, est plus ou moins compliquée. Dans les cas les plus simples, l'arc réflexe n'est composé que de deux neurones, un neurone sensitif et un neurone moteur. Mais pour les appareils sensoriels, la disposition est beaucoup plus complexe.

L'arc réflexe peut s'élever plus ou moins haut, se mettre en rapport avec des centres cérébraux de plus en plus élevés. Munck distingue, à ce point de vue, trois espèces de réflexes oculaires : 1° les réflexes qui n'impliquent pas l'existence d'une sensation lumineuse et se produisent, comme le mouvement de la pupille, après l'ablation des centres visuels corticaux ; 2° ceux qui impliquent une sensation lumineuse sans que l'attention ni la pensée interviennent,

---

[1] Voyez les travaux d'Edinger sur le développement comparatif, dans la série animale, des différentes parties du cerveau.

ceux qui font cligner l'œil, par exemple, à l'approche subite de la main ; 3° ceux qui impliquent une représentation mentale de la vision et du raisonnement, tels que la fuite de l'animal devant le fouet. Knies établit une distinction semblable.

Sous le rapport des mouvements qu'ils déterminent dans les yeux, les réflexes forment quatre catégories distinctes. Les mouvements déterminés par les excitations rétiniennes sont, en effet, de quatre espèces.

Les mouvements associés de direction ;

Les mouvements associés de convergence ;

Les mouvements pupillaires ;

Les mouvements de l'accommodation.

Les faits pathologiques, en nous montrant l'altération indépendante de ces différents réflexes, prouvent qu'ils s'exercent par des voies différentes. Il ne peut être question, dans l'état actuel de la science, de préciser la voie que suit l'innervation pour ces réflexes multiples. Nous nous bornerons à utiliser les notions acquises pour indiquer comment ils peuvent se produire et à signaler les endroits où les neurones visuels, sensoriels et moteurs, peuvent entrer en contact.

Nous savons que les fibres optiques, ayant leur origine dans la rétine, viennent se terminer, en partie, par des ramifications libres dans les tubercules quadrijumeaux antérieurs. Des cellules multipolaires qui constituent la masse grise de ces éminences partent des cylindraxes qui, au lieu de suivre la voie corticale, sont dirigés en avant et en dedans, formant un faisceau descendant (Hans Held, van Gehuchten, Ramon y Cajal). Ce faisceau, qui paraît se rendre dans la moelle cervicale, en passant au-devant du noyau du moteur oculaire commun, enverrait, d'après

Hans Held, des collatérales aux noyaux des trois paires nerveuses qui innervent les muscles oculaires servant aux mouvements réflexes déterminés par les excitations rétiniennes.

Il paraît y avoir, ainsi que je l'ai dit, dans les tubercules quadrijumeaux ou dans leur voisinage un centre d'association des mouvements oculaires. Ce centre moteur pourrait facilement entrer en connexion avec le centre sensitif des tubercules antérieurs.

Le cervelet a, sur l'appareil musculaire du corps, une influence certaine au point de vue de l'équilibration. Il est probable que cette action s'étend aux muscles des yeux.

Enfin, il y a un quatrième endroit où les connexions entre les neurones sensitifs et moteurs des yeux peuvent s'établir, c'est dans la corticalité des hémisphères cérébraux. Ces connexions peuvent être directes ou indirectes, c'est-à-dire s'établir par l'intermédiaire des centres d'association.

D'après Fleschsig, il n'y a pas dans la corticalité de centres exclusivement moteurs; il n'y a que des centres sensitivo-moteurs, qui sont les centres ou sphères de projection. Les expériences de Munck, celles plus récentes de Mott et Schœfer sur le centre visuel cortical, confirment les idées de Fleschsig. Ces expérimentateurs ont en effet déterminé, par l'excitation de la sphère visuelle sensitive, des mouvements des yeux, qui sont toujours des mouvements associés de direction. Enfin, la découverte de Monakow établissant l'existence de fibres centrifuges mêlées aux fibres centripètes de la couronne rayonnante de Reil et allant des centres visuels corticaux aux tubercules quadrijumeaux, confirme les idées de Fleschsig et Munck sur le rôle sensitivo-moteur de la zone visuelle.

D'autre part, on sait, par les expériences de Fritsch,

Hitzig, Ferrier, Horsley, par celles plus récentes de Mott et Schœfer, qu'il existe un autre centre des mouvements oculaires siégeant en avant du lobe occipital, dans le voisinage de celui des muscles de la tête et des membres supérieurs. L'excitation faradique de ce centre détermine les mêmes mouvements associés que celle du centre visuel occipital. J'ai cité une observation clinique en conformité parfaite avec les expériences de Mott et Schœfer (*Paralysie des mouvements oculaires d'origine corticale*)[1]. Il est probable que ces deux centres moteurs sont en rapport, l'un avec les mouvements réflexes déterminés par les excitations rétiniennes, l'autre avec les mouvements volontaires des yeux et avec l'association des mouvements des yeux et de la tête. L'excitation rétinienne, en effet, ne détermine pas seulement par action réflexe des mouvements oculaires, mais des mouvements de la tête, et quelquefois des mouvements de défense ou de protection dans tout le corps.

Knies admet la possibilité de la dissociation des mouvements oculaires réflexes et volontaires. Avant le travail de Knies j'ai observé, le premier, cette dissociation dans l'ophtalmoplégie hystérique[2] ; Ballet, Raymond et Kœnig en ont depuis cité des exemples.

Quant au réflexe qui détermine les mouvements associés de convergence ou de divergence, j'aurai à l'étudier sous le nom de réflexe rétinien de convergence, à propos de la vision binoculaire. Je ne fais que le signaler ici, en faisant remarquer qu'aucun fait précis ne nous renseigne sur la localisation de ce réflexe. Comme il s'agit d'une fonction non consciente, que la convergence a des rapports avec

---

[1] *Annales d'Oculistique*, t. CVII, p. 283.

[2] *Compte rendu du service ophtalmologique de la Salpêtrière, Archives de Neurologie*, 1888.

l'équilibration et le sens de l'espace, que d'autre part les excitations du cervelet modifient les rapports des axes oculaires (Magendie, Duval et Laborde), tandis que l'excitation des hémisphères ne produit que des mouvements associés de direction (Munck, Horsley, Mott et Schœfer), il est possible que le réflexe de convergence s'établisse par l'intermédiaire du cervelet. D'autre part, il faut considérer que si la convergence s'exerce habituellement sans que nous en ayons conscience, elle implique cependant une sensation lumineuse, par conséquent son réflexe rentre dans la deuxième catégorie de Munck; aussi Knies admet-il une relation entre la convergence et le centre visuel cortical.

Il nous reste à parler des réflexes qui agissent sur la musculature interne de l'œil, sur l'iris et le muscle de l'accommodation.

L'iris reçoit directement ses nerfs du ganglion ophtalmique situé dans l'orbite. Ce ganglion reçoit lui-même trois espèces de nerfs formant ses trois racines, l'une sensitive, fournie par le trijumeau, la seconde motrice, fournie par le nerf moteur oculaire commun, la troisième, également motrice, fournie par le grand sympathique et venant du ganglion cervical supérieur.

Le filet émané de la troisième paire fait contracter la pupille. Il agit par l'intermédiaire du muscle constricteur de l'iris; ce mode d'action n'est pas contesté.

Il n'en est pas ainsi de l'action par laquelle l'excitation du grand sympathique dilate la pupille. Trois hypothèses ont été émises :

Dans la première, le sympathique agirait en provoquant la contraction de fibres musculaires radiées de l'iris, mais l'existence de ces fibres, admise un peu hypothétiquement, n'a pas été démontrée.

Dans la seconde, le sympathique agirait par l'intermédiaire des vaisseaux iriens, comme vasomoteur. Mais Donders et François Franck ont démontré que l'excitation du sympathique provoque encore la dilatation de l'iris sur un animal tué par hémorragie. D'après F. Franck, l'indépendance des mouvements de l'iris par rapport aux variations de réplétion sanguine repose sur deux preuves principales : 1° on peut encore obtenir la dilatation pupillaire en excitant le sympathique cervical quand une abondante hémorragie a sûrement vidé les vaisseaux ; 2° l'excitation des vasomoteurs carotidiens, dans leur trajet entre le ganglion cervical supérieur et la région oculaire, fait resserrer les vaisseaux oculaires sans modifier le diamètre de la pupille ; l'excitation du nerf sympathique destiné à l'appareil irido-choroïdien au niveau de l'anastomose qui unit le ganglion cervical supérieur au ganglion de Gasser (filet sympathico-gassérien de François Franck), produit au contraire la dilatation de la pupille sans agir sur les vaisseaux oculaires. Ici la dissociation anatomique complète et contrôle la dissociation expérimentale. Enfin, des faits pathologiques établissent aussi l'indépendance des deux actions.

Reste la troisième hypothèse, la plus vraisemblable, qui est celle de François Franck, d'après laquelle le grand sympathique aurait une action inhibitoire sur celle de la troisième paire. Cette action inhibitoire se produirait dans les ganglions périphériques.

La pupille ne se contracte que par action réflexe, ses mouvements sont soustraits à la volonté. Elle se contracte par deux influences, l'excitation lumineuse et l'accommodation unie à la convergence. Dans le premier cas l'action réflexe est directe ; dans le second elle est indirecte.

Il est impossible de préciser le trajet de l'innervation pour le réflexe lumineux. On peut supposer que l'arc réflexe s'établit simplement par le ganglion ophtalmique, mais si l'on considère que l'excitation d'un seul œil fait contracter les deux pupilles, il faut nécessairement le reporter plus haut, et l'on admet que le réflexe s'établit par l'intermédiaire des filets émanés du noyau de substance grise des tubercules quadrijumeaux.

D'après Darkschewitsch et Mendel, la voie nerveuse du réflexe lumineux serait la suivante : le nerf optique, le ganglion de l'habenula du même côté, puis, par la commissure postérieure, le noyau de Gudden, et, de ce noyau, les fibres du tronc de l'oculo-moteur.

Wernicke admet également que l'arc réflexe ne s'étend pas au delà des tubercules quadrijumeaux, d'où, selon lui, la conséquence que toute lésion de l'appareil nerveux siégeant en deçà des tubercules abolit le réflexe lumineux, toute lésion siégeant au delà le laisse intact. Le signe de Wernicke n'a pas l'importance clinique qu'on lui a attribuée.

La question se complique si l'on considère que le réflexe lumineux peut être aboli par la lésion du centre cilio-spinal. Cependant, on peut concilier l'action du centre cilio-spinal avec la localisation principale dans les tubercules quadrijumeaux, sachant que de ces tubercules part un faisceau de fibres descendantes dont j'ai déjà parlé et qui, après avoir contracté des connexions avec le noyau de la troisième paire, d'après Hans Held, se rend dans la moelle cervicale, où il peut contracter des connexions avec le centre cilio-spinal.

J'ajouterai enfin que j'ai observé plusieurs fois l'abolition totale du réflexe lumineux dans les lésions corticales produisant l'hémiopie.

Si l'excitation lumineuse est produite par l'image d'un objet à contours définis, elle détermine un nouveau réflexe qui a pour but d'obtenir une image nette de l'objet sur la rétine, c'est le réflexe d'accommodation. C'est vraisemblablement par les filets déjà mentionnés, qui des tubercules quadrijumeaux antérieurs se rendent dans les noyaux moteurs, que la connexion entre les neurones sensitifs et moteurs s'établit pour ce réflexe, mais aucun fait positif ne le démontre.

Le réflexe d'accommodation détermine, en même temps que la contraction du muscle accommodateur, la contraction de la pupille, contraction qui est distincte, comme on sait, de celle qui est produite par l'excitation lumineuse, et que l'on qualifie de réflexe pupillaire d'accommodation. Il y a lieu de se demander si cette contraction de la pupille est le résultat direct de l'excitation de la rétine par l'image de l'objet, supposant l'existence d'un arc réflexe spécial, ou si elle est simplement le résultat d'une association musculaire supposant une connexion entre le centre moteur de l'accommodation et celui de la pupille. C'est cette dernière interprétation qui me paraît être la bonne. Le terme réflexe pupillaire d'accommodation opposé au réflexe lumineux ne serait donc pas très exact, et il n'y a pas lieu de parler d'un arc réflexe spécial pour la contraction pupillaire dans l'accommodation, comme il en existe un pour le réflexe lumineux. Remarquons que, dans l'exercice normal de la vision, cette contraction de la pupille quand on regarde de près, est provoquée aussi bien, et même plus énergiquement, par la convergence que par l'accommodation et qu'elle se produit en dehors de toute influence de l'accommodation. Un exemple caractéristique nous est fourni par les cas de paralysie diphtéritique de l'accommodation, qui réalisent cette dissociation curieuse, de paralyser l'accommodation dans les deux yeux, en respectant l'innervation de la pupille ainsi que celle de la convergence. Dans les cas de ce genre, en sollicitant la fixation de près, la pupille se contracte, bien que l'accommodation soit paralysée dans les deux yeux ; elle se contracte sous l'influence de la seule convergence. Par contre, si l'on supprime, chez ces malades, l'influence de la convergence en couvrant un œil — ce que l'on n'obtient pas aussi facilement qu'on pourrait le croire — on remarque que, dans la fixation rapprochée monoculaire, la contraction de la pupille ne se produit plus. En d'autres termes, quand l'influence de la convergence et celle de l'accommodation se trouvent supprimées dans la fixation de près, la contraction de la pupille n'a pas lieu, ce qui prouve qu'elle se produit par leur intermédiaire, en vertu d'une association musculaire, non en vertu d'un réflexe direct.

Dans ces trois actes musculaires, la convergence, l'accommodation et la contraction de la pupille, qui, dans la fixation rapprochée, se produisent d'une manière synergique, il y a donc à distinguer ce qui est le résultat de l'action réflexe directe, et ce qui est le résultat de l'association musculaire.

La convergence s'exécute sous l'influence d'un réflexe spécial.

L'accommodation s'exécute sous l'influence d'un réflexe spécial.

L'un de ces deux réflexes, dans l'état normal, suffit à provoquer les deux actes, en vertu de l'association musculaire qui unit la convergence et l'accommodation, ainsi que la contraction de la pupille, en vertu d'une association musculaire de même ordre.

Le réflexe de convergence comme le réflexe d'accommodation paraissent localisés dans les parties centrales de la rétine. C'est là seulement, en effet, qu'ils ont leur raison d'être. Toutefois, des expériences précises manquent à cet égard. A défaut d'expériences, voici l'observation résumée d'un fait clinique intéressant.

Une femme de vingt-neuf ans est prise subitement d'un trouble visuel dans les deux yeux. Quand elle se présente à moi, le 7 juin 1894, je constate l'existence d'un scotome central double, non absolu, d'une étendue de 4 à 5°, $V = 5/50$ dans chaque œil. J'insiste sur ce fait, que ce scotome n'avait pas les caractères des scotomes alcooliques ; il s'était déclaré subitement et n'intéressait pas d'une manière spéciale la vision des couleurs. Or, chez cette malade, dont l'œil avait une structure normale et qui jouissait d'une bonne vision antérieurement, la convergence, l'accommodation, le réflexe lumineux étaient sinon complètement abolis, du moins très altérés.

Je ne connais pas dans la littérature d'observation semblable ; je n'en trouve pas dans les monographies sur la périmétrie de Ole Bull et de Karl Baas. Si cette observation trouvait sa confirmation dans d'autres faits, elle servirait à fixer un point important dans la physiologie de la vision, savoir le rôle des fibres centrales dans les réflexes qui agissent sur la convergence, l'accommodation et la pupille, en opposition avec les réflexes qui agissent sur les mouvements associés de direction, lesquels peuvent être déterminés par une excitation sur un point quelconque des rétines. Dans cet ordre de faits, il y a encore à noter l'altération des réflexes pupillaires dans le scotome central des alcooliques, signalée par Epcron.

Je rappelle enfin que l'indépendance des éléments de

conduction qui servent à la vision centrale, sans être nettement établie, est admise par plusieurs auteurs et repose sur
un grand nombre de faits anatomiques, cliniques et physiologiques[1].

Ces considérations anatomiques, où je me suis efforcé de
donner une idée de l'état de nos connaissances, ont surtout
pour but de montrer la possibilité de trouver un jour l'explication organique des phénomènes visuels. Mais, actuellement, ces connaissances sont tout à fait insuffisantes pour
qu'il soit possible d'en déduire le fonctionnement de l'appareil visuel; ce serait tenter une œuvre qui resterait aussi
confuse que stérile. Que l'on observe d'ailleurs comment
s'établit l'anatomie fonctionnelle du cerveau; c'est presque
toujours le fait physiologique ou le fait pathologique qui
prépare la connaissance du fait anatomique.

Nous devons donc étudier les faits physiologiques en
eux-mêmes, tout en signalant, quand l'occasion s'en présente, leur concordance avec les faits anatomiques. Nous
arriverons beaucoup plus facilement ainsi à nous faire une
idée exacte du fonctionnement de l'appareil visuel, en même
temps que nous préparerons la voie aux anatomistes, pour
l'étude des connexions nerveuses que ce fonctionnement
implique. C'est sur l'expérimentation physiologique et sur
les faits cliniques que nous allons surtout nous appuyer,
pour l'étude des relations fonctionnelles des deux yeux.

[1] Sur le rôle des réflexes dans la vision, voyez un travail récent de Red-
dingius : *l'Organe de la vision envisagé comme système d'organes sensitivo-
moteurs*. (Société néerlandaise d'ophtalmologie, 13 juin 1897.)

CHAPITRE II

LA VISION BINOCULAIRE

Les relations fonctionnelles des deux yeux ont été confondues, jusqu'ici, avec la vision binoculaire. Or, la première vérité dont il faut se pénétrer, c'est qu'il y a deux modes de vision avec les deux yeux, l'un que l'on peut appeler *vision simultanée*, l'autre *vision binoculaire* proprement dite. Enfin, l'étude de ces relations comprend aussi celle de certains phénomènes d'alternance qui se produisent quelquefois lorsque les deux yeux sont ouverts.

L'appareil de vision simultanée est plus fondamental, plus solidement établi héréditairement. La vision binoculaire nous apparaît comme une fonction de perfectionnement ; son appareil, de date plus récente, dans l'ordre phylogénique, est plus fragile, plus susceptible de vices de développement, lorsque des obstacles à son fonctionnement existent dès l'enfance. Pour la même raison, il est aussi plus susceptible de développement par l'exercice, surtout chez les jeunes sujets.

Il serait donc logique d'étudier d'abord l'appareil fondamental de vision simultanée, puis celui de vision binoculaire. Cependant, pour la clarté de l'exposition, nous suivrons l'ordre inverse. La vision binoculaire se prête mieux à l'analyse ; son appareil est, par suite, plus facile à définir.

En outre, nous trouvons une affection qui est essentiellement caractérisée par un vice de développement de l'appareil de vision binoculaire, c'est le strabisme. Le strabisme, en altérant progressivement l'appareil de vision binoculaire, nous aidera d'abord à comprendre son fonctionnement, puis, en détruisant cet appareil, il nous permettra de comprendre ce qu'est la vision simultanée et de définir ce qui constitue son appareil. Il nous suffira, pour cela, d'étudier les caractères de la vision du strabique qui ne jouit plus à aucun degré de la vision binoculaire.

La vision binoculaire a essentiellement pour but la coopération des deux yeux à une même sensation, afin de rendre cette sensation plus parfaite, plus précise en ce qui concerne sa localisation dans l'espace. Pour cette coopération, les deux yeux sont associés cérébralement de manière à former, au point de vue fonctionnel, un organe unique (œil cyclopéen).

La vision binoculaire est la fonction d'un appareil spécial qu'il s'agit de définir. Cet appareil est composé, comme l'appareil visuel général sur lequel il est développé, d'une partie sensorielle, d'une partie motrice et de liens qui unissent l'une à l'autre.

La partie sensorielle est représentée par des *connexions particulières des rétines avec les centres visuels cérébraux*, destinées à centraliser leurs impressions et à les extérioriser d'une certaine manière ; la partie motrice est représentée par la *convergence*, par les mouvements associés de distance, indispensables au fonctionnement de la partie sensorielle ; les liens qui unissent la partie sensorielle et la partie motrice se traduisent par un réflexe particulier qu'il convient d'appeler *réflexe rétinien de convergence*.

1. — Partie sensorielle de l'appareil de vision binoculaire

Trois propriétés caractérisent la partie sensorielle de l'appareil de vision binoculaire :

La faculté de distinguer les impressions de chaque œil, de percevoir en même temps les images binoculaires d'un objet et de les fusionner en une sensation unique.

Un mode spécial d'extérioration ou de projection de ces images, pour leur localisation dans l'espace.

Ses rapports avec la convergence.

La faculté de percevoir en même temps les impressions binoculaires d'un même objet se traduit d'une manière saisissante par la *diplopie*, quand les images de cet objet ne se peignent pas sur des parties déterminées de chaque rétine, appelées points identiques ou correspondants.

Mais cette faculté de percevoir en même temps les impressions de chaque œil ne se traduit pas seulement par la diplopie. Dans le fusionnement binoculaire, chaque œil conserve une action individuelle. Il n'y a pas, suivant la comparaison de Donders, « neutralisation de chaque image donnant naissance à une troisième qui diffère de ses composantes comme un composé chimique diffère de ses éléments[1] », il y a concomitance de deux impressions, comme le soutiennent Helmholtz et Reymond (de Turin). Le relief stéréoscopique est la conséquence et la preuve de l'individualité que les deux impressions rétiniennes conservent dans la sensation résultante.

Il est vrai que le fusionnement stéréoscopique a un autre résultat que la production du relief ; il produit la déforma-

[1] DONDERS. La vision binoculaire et la perception de la troisième dimension. *Annales d'Oculistique*, t. LVIII, p. 24.

tion des figures observées dans le stéréoscope ou, si l'on préfère, des images de chaque œil, pour les fondre dans une image d'une forme nouvelle. Par forme nouvelle, je n'entends pas seulement le relief, mais la symétrie ou disposition relative des différents points de l'image. En d'autres termes, deux figures non symétriques, non superposables géométriquement, donnent lieu à une nouvelle figure parfaitement symétrique. On pourrait croire que ce changement de forme implique la suppression de certaines parties des images de chaque œil — faculté qui d'ailleurs existe réellement et que Donders a invoquée à l'appui de son opinion — il n'en est rien. Ce changement de forme résulte non de la suppression de certaines parties de chaque image, mais de la localisation différente dans l'espace des points homologues de chaque image monoculaire, et cette localisation différente, d'où naît d'ailleurs le relief, suppose nécessairement, ainsi que nous le verrons, la synergie d'action de deux rétines, la concomitance des deux impressions dans la sensation résultante.

Les images d'un même objet transmises au cerveau par chaque rétine peuvent donc être fusionnées en une sensation unique ou être perçues séparément, donnant lieu à la production de la diplopie. Voyons quelles sont les conditions de leur fusionnement et celles de la diplopie.

Il est d'observation vulgaire, qu'un objet fixé avec les deux yeux n'est vu simple que si les images binoculaires de cet objet se peignent sur des parties déterminées de chaque rétine. Si, pendant que l'on fixe l'objet, on déplace l'un des globes oculaires avec le doigt, on voit deux objets, parce que, dans ces conditions, les images ne tombent pas sur ces parties déterminées de chaque rétine. Il en sera de même si l'on déplace l'image sur l'une des rétines à l'aide d'un prisme. C'est ce fait qui a donné naissance à la théorie des points identiques ou correspondants de Jean Müller, d'après laquelle il y aurait dans les deux rétines des parties reliées anatomiquement par l'intermédiaire du système nerveux, de telle sorte que l'impression lumineuse de deux points identiques se confonde en une seule sensation, tandis que l'impression de deux points non identiques donne la sensation de deux lumières.

L'identité des rétines qui exprime le mode de fusionnement des images binoculaires, constitue une propriété fondamentale de l'appareil sensoriel de vision binoculaire. Son principe est indiscutable. Comment se fait-il que la théorie des points identiques ou correspondants ait été si discutée, si contestée? C'est parce que la notion de l'identité a été faussée par des conceptions surajoutées.

Pour Jean Müller, l'identité des rétines a pour résultat le fusionnement cérébral, rien de plus. Aussi sa théorie des points identiques a-t-elle été désignée sous le nom d'*identité subjective*. En d'autres termes, il nie la seconde propriété que nous allons étudier, la faculté d'extérioration, la faculté de projeter au dehors nos impressions rétiniennes. Le but même de la vision binoculaire, qui est la localisation plus précise de nos sensations visuelles dans l'espace, serait ainsi manqué, l'appareil de vision binoculaire n'aurait pas sa raison d'être. Pour le célèbre physiologiste, la notion de l'espace visuel est d'ailleurs purement subjective. Nous avons en nous la notion d'espace et nous lui rapportons, comme à une mesure, notre perception des objets. La représentation de la profondeur du champ visuel n'est pas une sensation, elle est une *idée*.

La seconde conception par laquelle J. Müller a faussé la notion de l'identité des rétines a été celle de l'*horoptère*, c'est-à-dire de la figuration géométrique dans l'espace des points qui sont vus simples avec les deux yeux.

Si nous supposons deux lignes partant de deux points identiques des rétines et passant par le centre optique de chaque œil, ces lignes iront se couper en un point de l'espace. Une lumière placée en ce point de l'espace sera vue simple, parce que ses images binoculaires iront se peindre sur les points rétiniens identiques considérés. A chaque couple de points identiques correspond un point de l'espace. L'ensemble de ces points de l'espace constitue ce que l'on appelle l'*horoptère*.

Le stéréoscope n'a pas tardé à montrer la fausseté de cette conception, en prouvant que nous avons la faculté de fusionner des images rétiniennes formées sur des points non identiques. Les expériences et les critiques de Wheatstone ont été le point de départ de discussions qui, en réalité, sont sans but. Elles visent une conception fausse de l'identité des rétines, elles ne visent pas la propriété elle-même. Avec l'identité des rétines telle que l'a fait concevoir l'horoptère, la vision binoculaire serait tout simplement impossible ou du moins très confuse, donnant lieu à la production d'images doubles pour une grande partie des objets contenus dans le champ visuel. C'est en vain que Helmholtz et Hering ont imaginé des horoptères plus compliqués que celui de J. Müller. Du moment que ce sont des constructions géométriques, c'est-à-dire quelque chose d'absolu, ils ne peuvent que donner une idée fausse du fonctionnement de la vision binoculaire. On peut bien se servir de l'horoptère comme moyen de s'entendre, pour l'exposition des faits, mais en lui attribuant une signification physiologique, on pose le principe de contradictions irréductibles.

A l'identité géométrique ou anatomique, il faut opposer

l'*identité physiologique* impliquant une certaine élasticité de l'appareil nécessaire pour son bon fonctionnement. Il ne faut pas perdre de vue qu'il s'agit essentiellement d'une fonction cérébrale, et, en donnant une formule mathématique à une telle fonction, on dénature la vérité sous prétexte de la préciser.

La seconde propriété de l'appareil sensoriel de vision binoculaire réside, avons-nous dit, dans *un mode spécial d'extérioration ou de projection des images visuelles pour leur localisation dans l'espace.*

Le principe de la projection, du transport au dehors de nos sensations visuelles, qui a été le point de départ de la théorie des projections, n'est pas moins certain que celui de l'identité des rétines. Cela deviendra évident, je l'espère, par les développements qui vont suivre et en particulier par l'étude de la vision stéréoscopique. Mais pour la théorie des projections, comme pour celle de l'identité, le principe, le fait physiologique, a été faussé par des conceptions surajoutées. C'est ainsi qu'on a pu opposer l'une à l'autre les deux théories, alors que les faits physiologiques qui en ont été le point de départ, sont deux aspects différents d'une même fonction et que, loin d'être en contradiction, ils se complètent et sont inséparables l'un de l'autre.

Toute sensation a son siège dans le cerveau, mais les sens ayant pour but de nous mettre en relation avec le monde extérieur, ce but n'eût pas été rempli si la sensation était localisée là où elle existe réellement ; d'où la faculté d'extérioration commune à tous les sens. Mais pendant que cette faculté d'extérioration ne dépasse pas la surface du tégument ou des muqueuses pour certains sens, pour l'ouïe et surtout pour la vue elle s'étend, fait remarquable, au delà du corps, au delà du point où l'excitation périphérique a lieu.

L'acte visuel comporte donc un double processus, l'un centripète, l'autre centrifuge, le processus d'impression, le processus d'extérioration. L'existence dans l'appareil sensoriel de la vision de deux espèces de fibres, les unes centripètes, les autres centrifuges, est vraisemblablement en rapport avec ce double processus. S'il est permis d'admettre que les fibres centrifuges découvertes par Monakow dans la couronne rayonnante de Reil, allant du centre visuel cortical aux noyaux intra-cérébraux, servent aux actions réflexes, on ne saurait attribuer le même rôle aux fibres centrifuges découvertes dans le nerf optique et la rétine par Ramon y Cajal et van Gehuchten.

Dans le parcours centripète et centrifuge, il faut distinguer le trajet oculaire et le trajet cérébral. Dans le trajet oculaire, tout se passe suivant les lois de la réfraction. Si le double phénomène avait uniquement l'œil pour siège, comme on semble l'admettre, il n'y aurait pas lieu de distinguer la ligne d'impression de la ligne de projection ; elles seraient confondues. Mais dans le trajet cérébral, il n'en est plus ainsi. Le cerveau peut dissocier les deux processus, séparer les deux lignes, de telle sorte que la ligne de projection ne retourne pas à l'objet d'où part l'impression. Il en est ainsi non seulement dans certains cas de projection anormale, chez les strabiques, mais encore dans la diplopie produite par une position vicieuse des globes, ainsi que dans la vision stéréoscopique qui est obtenue, ainsi que nous le verrons, avec une projection fausse. Dans les cas de ce genre, la ligne de projection, au moment où elle atteint la rétine et commence son trajet oculaire, n'a plus la même direction que la ligne d'impression, c'est pour cela qu'elle ne retourne pas à l'objet et qu'elle donne lieu à une projection fausse. Il y a donc lieu de distinguer, dans le trajet oculaire, l'*axe d'impression* et l'*axe de projection*. L'axe d'impression est la ligne qui du point lumineux passe par le centre optique. L'axe de projection est la ligne qui du point rétinien, par où se fait l'extérioration du point lumineux, passe par le centre optique[1].

Remarquons maintenant que, relativement à la position des globes oculaires, il y a deux modes d'extérioration ou de projection différents. Quand nous voyons un objet avec un seul œil, la projection est bonne, c'est-à-dire que nous localisons l'objet là où il est réellement, quelle que soit la position du globe, que l'œil fixe l'objet ou qu'il se porte ailleurs. Il n'y a d'exceptions que pour certains cas de paralysie des muscles oculaires, où le sens musculaire intervient. Nous verrons que ce mode de projection existe également dans la vision avec les deux yeux, que je qualifie de vision simultanée, dans le strabisme concomitant, par exemple, où la vision simultanée remplace la vision binoculaire. Dès que l'appareil de vision binoculaire est en jeu, il n'en est plus ainsi. La direction dans laquelle se fait l'extérioration est déterminée par la position relative des deux yeux. Les deux yeux sont alors associés fonctionnellement, et le moindre dérangement dans l'association de leurs mouvements produit une projection fausse pour un œil et quelquefois pour les deux.

[1] Volkmann a distingué (Helmholtz dit remplacé) les lignes menées par l'image rétinienne et le point nodal postérieur de l'œil, des lignes normales à la rétine, il les appelle lignes de direction. Mais Helmholtz et tous les auteurs appellent également ligne de direction la ligne menée du point lumineux au point nodal. Hering fait aussi remarquer que « direction lumineuse » et « direction visuelle » n'ont pas le même sens. Mais, ajoute Donders, qui le cite, cette ambiguïté n'a guère d'inconvénients puisque les deux directions coïncident. (*Annales d'Oculistique*, t. LVIII, p. 33.)

La vision binoculaire implique donc *un mode spécial d'extérioration ou de projection*. Cela était d'ailleurs nécessaire pour assurer la rencontre et le fusionnement des images binoculaires en un même point de l'espace. Étant donné ce mode de projection, il faut rechercher comment il assure la rencontre et le fusionnement dans l'espace des images de chaque œil. Ce fusionnement est la conséquence d'une propriété fondamentale de l'appareil visuel qui est la suivante :

Nous localisons nos impressions rétiniennes binoculaires, au point de rencontre des axes de projection principaux et secondaires.

Le fait peut être considéré comme évident pour le point directement fixé où convergent les lignes de regard. L'application de cette loi ne souffre pas non plus de difficultés pour les points d'une même image plane, dont les différentes parties sont assez voisines du point de fixation pour que l'on puisse négliger la courbure de la rétine. En effet, les axes secondaires suivant lesquels ces points de l'objet vont former leur foyer dans l'œil, tombent sur des points identiques des rétines et, inversement, les images rétiniennes extériorées suivent la même direction et vont se rencontrer à l'entre-croisement de ces axes. Il en est encore ainsi pour des points plus éloignés du point de fixation, pourvu qu'ils soient contenus dans une certaine surface correspondant à celle de l'horoptère.

La difficulté surgit quand il s'agit de points situés en deçà ou au delà du point directement fixé, en deçà ou au delà de la surface de l'horoptère. La géométrie démontre que les axes partant de ces points et passant par le centre optique de chaque œil, ne tombent pas sur des points identiques des rétines, et la théorie des points identiques veut que ces points soient vus doubles. Effectivement, l'expérience démontre que, *dans certaines conditions*, il en est ainsi.

Si l'on dispose le long d'une règle trois épingles assez distantes les unes des autres et que l'on tienne cette règle horizontalement, l'une des extrémités reposant sur la racine du nez, lorsqu'on fixe avec les deux yeux l'épingle médiane, les deux autres sont vues doubles. Les deux images de l'épingle située en deçà de celle qui est fixée sont croisées, les images de l'épingle située au delà sont homonymes. Cette diplopie dite physiologique, qui se produit conformément à la théorie des points identiques, semble donc en contradiction avec la loi que nous venons de poser. Dans cette expérience, en effet, la localisation ne se fait pas à l'entre-croisement des axes pour les épingles qui sont vues doubles, elle est d'ailleurs fausse pour chaque image, dont aucune ne répond à la position réelle de l'objet. La contradiction n'est qu'apparente.

Remarquons d'abord que, dans la vision ordinaire, les choses ne se passent pas ainsi, sans quoi, lorsque nous fixons un arbre dans un paysage, les arbres situés plus loin ou plus près seraient vus doubles. En réalité, derrière cette contradiction apparente se cache un ingénieux artifice de la nature, grâce auquel *nous localisons différemment dans l'espace les impressions binoculaires suivant qu'elles résultent de la fusion d'images identiques ou non identiques*, et nous allons voir que cette localisation différente est une conséquence de la loi générale en vertu de laquelle nous localisons à l'entre-croisement des axes de projection. Le stéréoscope va nous en fournir la démonstration, mais, pour cela, il est nécessaire de préciser le *mécanisme physiologique* de la vision stéréoscopique, ce que l'on a omis de faire.

Le propre de la vision stéréoscopique est de fusionner des images perspectives différentes d'un même objet, c'est-à-dire qui ne sont pas géométriquement semblables. Si, le long d'une ficelle ou d'une longue tige placée horizontalement, l'une des extrémités répondant au milieu de la distance qui sépare les deux yeux, on place des points de repère qui se trouveront à des distances différentes de l'observateur, lorsque celui-ci fixe binoculairement le point le plus éloigné, et qu'il ferme ensuite alternativement chaque œil, il verra les points plus rapprochés se déplacer à gauche pour l'œil droit, à droite pour l'œil gauche. Si, d'autre part, on prend deux photographies d'un paysage en déplaçant, pour chaque photographie, l'appareil d'une distance égale à celle des yeux, ces deux images perspectives différentes du même paysage réaliseront les conditions géométriques de la vision avec les deux yeux. c'est-à-dire que, par rapport au plan le plus éloigné du paysage, les objets rapprochés se trouveront déplacés à gauche pour l'œil droit, à droite pour l'œil gauche. En d'autres termes, les deux photographies étant juxtaposées dans le stéréoscope, les parties homologues, c'est-à-dire qui représentent un même point du paysage, sont d'autant plus rapprochées de la ligne médiane, que, dans la réalité, ces points sont plus rapprochés de l'observateur. C'est grâce à cette particularité, c'est parce qu'elles réalisent les conditions de ce que Helmholtz appelle la parallaxe stéréoscopique, que ces photographies ou les dessins d'un objet tracés d'après le même principe, donnent d'une manière si parfaite la sensation du relief.

Ces photographies ou ces dessins d'un même objet ne sont donc pas semblables géométriquement, ne sont pas superposables. Les points homologues de ces figures ne se peignent donc pas sur des points identiques des rétines, à l'exception de ceux qui sont dans le plan le plus éloigné de l'objet figuré où nous supposons que les axes principaux se rencontrent. On les fusionne cependant ; d'où la conséquence certaine et déjà mise en évidence par Wheatstone, que *l'appareil visuel a la propriété de fusionner des images rétiniennes qui ne se peignent pas sur des points identiques*, c'est-à-dire la propriété de neutraliser la diplopie physiologique dont nous venons de parler.

Les expériences de Wheatstone démontrent cet autre fait, dont on n'a pas suffisamment fait ressortir l'importance : *La fusion d'images qui ne se peignent pas sur des points rétiniens identiques, modifie la localisation dans l'espace de l'image résultante*, c'est-à-dire que cette localisation est différente de celle qui résulte de la fusion d'images rétiniennes identiques.

Enfin le stéréoscope démontre un troisième fait : *La localisation différente dans l'espace des images binoculaires, suivant qu'elles résultent de la fusion d'images rétiniennes identiques ou non identiques, est une conséquence de la propriété générale en vertu de laquelle nous localisons nos impressions binoculaires à l'entre-croisement des axes de profection principaux ou secondaires.*

Si nous démontrons ce troisième fait, toutes les contradictions disparaissent.

C'est ici qu'il est nécessaire de préciser le mécanisme physiologique de la vision stéréoscopique. C'est pour n'avoir pas fait cette étude préalable, pour avoir considéré la vision stéréoscopique à un point de vue purement géométrique, que l'on a faussé la question et, par contre-coup, introduit dans l'étude de la vision binoculaire un grand élément de confusion.

11

La théorie du stéréoscope exposée dans les traités de physiologie et de physique n'est pas exacte.

La vision stéréoscopique est essentiellement produite par la fusion de deux images d'un même objet, mais quel est le mécanisme physiologique de cette fusion? On admet qu'elle est le résultat de la superposition des deux figures d'un objet, produisant sur les rétines le même effet que si elles étaient impressionnées par un seul objet fixé par les deux yeux. Ce résultat serait obtenu dans le stéréoscope de Wheatstone par la réflexion des miroirs, dans celui de Brewster par l'action déviatrice des lentilles prismatiques ; enfin, dans le stéréoscope à lentilles simples, les yeux se plaçant en parallélisme et les figures ayant le même écartement que les yeux, donneraient deux images de l'objet dans la région centrale de chaque rétine, comme si cet objet, situé à l'infini, était fixé avec les deux yeux.

On oublie un fait fondamental qui, à lui seul, montre la fausseté de ces trois interprétations, c'est que, pour obtenir le relief stéréoscopique, la condition préalable est la production de *quatre images*, c'est-à-dire que *chaque figure soit vue double*. De ces quatre images, deux sont fusionnées pour produire le relief, les deux autres sont inutiles et la cloison du stéréoscope a pour but de les supprimer. Si l'on veut se rendre compte du mécanisme de la vision stéréoscopique, il faut expérimenter sans la cloison.

La vision stéréoscopique est obtenue non par la superposition de deux figures d'un même objet, mais *à l'aide d'images subjectives de ces figures, extériorées avec projection fausse*, c'est-à-dire projetées dans une direction qui ne correspond pas à la position réelle des figures. Pour en comprendre le mécanisme, il faut considérer *non le processus d'impression, mais le processus de projection*.

Quand on regarde dans un stéréoscope, on a immédiatement la sensation d'un certain effort, d'une certaine adaptation de l'appareil visuel pour obtenir le relief. En quoi
consiste cette adaptation ? Elle consiste à adapter l'appareil
visuel pour la vision éloignée, alors que les figures sont
plus ou moins rapprochées, c'est-à-dire à relâcher la convergence et l'accommodation, à regarder les figures sans les
fixer. Les prismes à base temporale ou les verres convexes
ont pour but de faciliter cette adaptation. Ce n'est pas par
leur action physique qu'ils produisent la vision stéréoscopique ; ce qui le prouve, c'est qu'avec une certaine habitude
on peut obtenir la vision stéréoscopique sans aucun instrument. Le relâchement de la convergence a pour effet de
ramener les axes au parallélisme, c'est-à-dire de mettre les
yeux en état de divergence relative par rapport à la position des figures, c'est pour cela que chaque figure est vue
double, en diplopie croisée, comme si on louchait en
dehors. Les deux figures sont projetées à gauche par l'œil
droit, à droite par l'œil gauche. La sensation du relief naît
par la fusion de deux de ces quatre images subjectives
extériorées avec projection fausse. Ce premier fait établi,
tout s'explique naturellement, et nous allons voir que la
sensation du relief naît en vertu de la loi générale de la
localisation des images binoculaires à l'entre-croisement
des axes de projection.

La figure ci-après donne la représentation schématique
de la vision stéréoscopique. D est l'œil droit ; G, l'œil
gauche. K et S sont deux figures dont la vision stéréoscopique donne la sensation d'un cône solide à sommet tronqué
proéminent en avant.

La cloison médiane du stéréoscope étant supprimée, ces
deux figures seront vues l'une et l'autre par chaque œil, et

comme les deux yeux, pour obtenir la vision stéréoscopique, se sont placés en état de divergence relative, elles seront vues doubles en diplopie croisée, c'est-à-dire que les

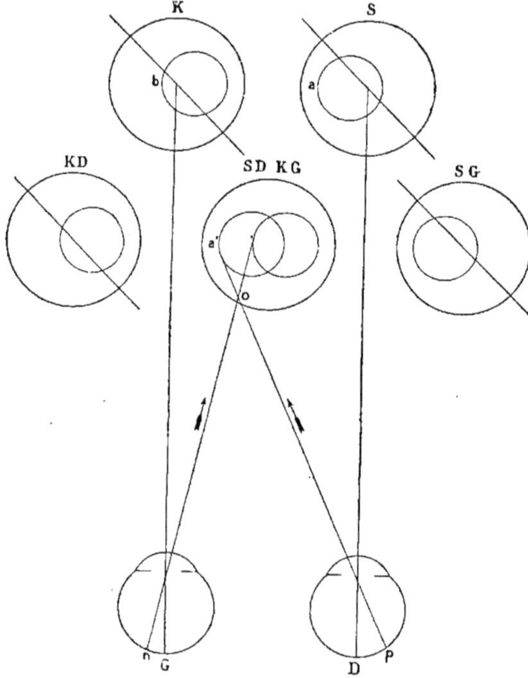

Fig. 3. — Schéma de la vision stéréoscopique.

D, œil droit. — G, œil gauche. — S et K, figures stéréoscopiques donnant par le fusionnement la sensation d'un cône tronqué. — KD, SD, images de ces deux figures projetées par l'œil droit. — KG, SD, images de ces deux figures projetées par l'œil gauche. — $p\,a'$, axe de projection du point a; $n\,b'$ axe de projection du point b. — Les lignes obliques indiquent qu'il faut faire abstraction des figures K et S, ainsi que de leurs images KD, SG (supprimées par la cloison du stéréoscope) pour ne considérer que SD et KG qui, par leur fusion dans l'espace, donnent la vision stéréoscopique.

images extériorées de ces figures seront projetées à gauche par l'œil droit, à droite par l'œil gauche. Ces quatre images KD SD et KG SG, sont projetées faussement, c'est-à-dire dans une direction qui n'est pas celle des figures qui les ont produites. KD et SG ne sont pas utilisées pour la vision stéréoscopique, la cloison médiane du stéréoscope a pour but de les supprimer. Il faut donc faire abstraction et des deux figures K et S et des deux images inutiles KD SG dont la suppression est indiquée dans les figures par un trait, et ne plus considérer que les deux images SD et KG. SD est l'image de la figure S extériorée par l'œil droit ; KG l'image de la figure K extériorée par l'œil gauche.

Si nous supposons les grands cercles extériorés par des points rétiniens identiques, ils seront fusionnés dans l'espace en vertu des propriétés des points identiques et seront localisés dans un plan dont la distance sera déterminée par la rencontre des axes principaux.

Il n'en sera plus ainsi pour les petits cercles. N'ayant pas le même centre que les grands cercles, ils seront nécessairement extériorés par des points rétiniens non identiques et seront vus en diplopie croisée, avec les figures considérées.

C'est ce qui a lieu, en effet, si la sensation du relief ne se produit pas. Mais le propre de la vision stéréoscopique est, ainsi que nous l'avons dit, de réaliser la fusion d'images rétiniennes non identiques, fusion qui s'accompagne invinciblement de la sensation du relief.

Pour comprendre où sera localisée l'image résultant de la fusion des petits cercles, considérons deux points homologues a b de ces petits cercles. Nous savons que ces points sont extériorés par des points rétiniens non identiques et qu'ils doivent être vus doubles si la fusion stéréoscopique n'intervient pas. Effectivement, les images de ces points sont extériorées suivant les axes de projection pa' et nb' partant des points rétiniens et passant par le centre optique de chaque œil. Dans le plan du grand cercle, elles sont vues doubles, en diplopie croisée, comme l'indique la figure. Lorsque la fusion des deux images $a'b'$ s'opère, où sera localisée dans l'espace l'image résultante? D'après la loi de la localisation à l'entre-croisement des axes, elle devra être localisée en o, c'est-à-dire dans un plan plus rapproché que celui du grand cercle. C'est ce qui a lieu effectivement et c'est ce qui produit la sensation du relief.

On voit donc que la localisation différente dans l'espace des images binoculaires suivant qu'elles résultent de la fusion d'images rétiniennes formées sur des points identiques ou non identiques, est une conséquence de la loi générale en vertu de laquelle *nous localisons nos impressions rétiniennes binoculaires au point de rencontre des axes de projection principaux et secondaires*. Ce qu'il fallait démontrer.

Pour contrôler l'exactitude de cette loi, supposons le cas où les deux figures stéréoscopiques ont été dessinées pour donner la sensation d'un cône creux. Les deux petits cercles seront alors extériorés en diplopie homonyme, avant la fusion, c'est-à-dire que les axes de projection des points considérés a b iront s'entre-croiser non plus en avant du plan des grands cercles, comme dans le cas précédent, mais en arrière. L'image résultant de la fusion des petits cercles correspondant au sommet tronqué du cône, sera donc localisée en arrière de la base et donnera la sensation d'un cône creux.

Supposons un troisième cas, celui où, avec les figures stéréoscopiques ordinaires, on produit, par un effort de convergence, l'effet pseudoscopique, c'est-à-dire le renversement des parties creuses et saillantes. Les yeux, au lieu d'être en état de divergence relative, étant en état de convergence exagérée par rapport à la position des figures, les points considérés *a b*, au lieu d'être extériorés en diplopie croisée, le seront en diplopie homonyme et par suite seront localisés en arrière de la base du cône.

Ainsi quelles que soient les conditions réalisées, la loi de la localisation à l'entre-croisement des axes de projection est respectée.

La production du relief stéréoscopique est une conséquence de cette loi. C'est en vertu de cette loi que les images rétiniennes identiques et non identiques sont localisées différemment dans l'espace. Les images non identiques sont localisées en avant du plan ou de la surface de localisation des images identiques, lorsque, avant la fusion, elles donnent, dans ce plan, de la diplopie croisée; en arrière lorsque avant la fusion elles donnent de la diplopie homonyme.

La loi de la localisation des images binoculaires à l'entre-croisement des axes principaux et secondaires a été formulée par Giraud-Teulon [1]. Le fait est admis sans contestation pour les axes principaux correspondant à la fixation centrale, mais la localisation à l'entre-croisement des axes secondaires pour la vision indirecte est très contestée et formellement niée par Nagel et Donders. Ce dernier va jusqu'à dire : « L'opinion, en admettant qu'elle eût des partisans, que les points vus indirectement apparaissent là où les lignes de direction des deux yeux se croisent, semble à peine mériter d'être réfutée [2]. »

Giraud-Teulon a, comme nous-même, demandé la démonstration de sa loi au stéréoscope. Mais cette démonstration

---

[1] GIRAUD-TEULON. *Traité de la Vision binoculaire*. 1860. — *La Vision et ses anomalies*. 1881.

[2] DONDERS (*Annales d'ocul.*, t. LVIII, p. 32...). — Helmholtz ne pose même pas la question.

« quelque peu laborieuse », comme il le reconnaît lui-même, n'a pas paru concluante, parce que la théorie de la vision stéréoscopique sur laquelle il s'appuie, qui est d'ailleurs celle de tout le monde, est fausse. Il raisonne sur la construction géométrique des figures stéréoscopiques et sur le processus d'impression, ou, tout au moins, comme si la ligne d'impression et la ligne de projection étaient confondues, tandis qu'elles sont essentiellement différentes, la vision stéréoscopique impliquant, comme condition préalable, une fausse projection des images, ainsi que nous l'avons vu.

Nous pouvons maintenant comprendre le mécanisme de la vision binoculaire normale. La vision stéréoscopique, en effet, est une vision binoculaire anormale, ainsi que l'on a pu s'en convaincre par l'analyse que nous avons faite. Elle n'en est pas moins très utile pour l'étude des propriétés de l'appareil sensoriel de vision binoculaire, et c'est grâce aux notions qu'elle nous a fournies que nous allons comprendre l'enchaînement des faits dans la vision binoculaire normale.

Figurons-nous un prisme triangulaire, posé verticalement, l'une des arêtes tournée vers l'observateur et répondant à la ligne médiane. L'observateur fixe un point de cette arête sur lequel convergent, par conséquent, les lignes de regard. Les images binoculaires de ce point se forment sur les deux fossettes centrales, points identiques par excellence. En vertu de la propriété des points identiques, nous ne percevons qu'une seule image. Cette image sera localisée à l'entre-croisement des axes de projection principaux et retournera au point considéré d'où l'impression est partie.

Voyons maintenant ce qui se passe pour les arêtes laté-

rales situées dans un plan plus reculé que l'arête médiane
sur laquelle convergent toujours les lignes de regard. La
géométrie nous démontre qu'un point quelconque de ces
arêtes ira former ses images binoculaires sur des points
rétiniens non identiques. D'après les propriétés de ces points,
le cerveau doit extérioret deux images distinctes du même
point. C'est, en effet, ce qui a lieu dans certaines conditions
et c'est ce qui aurait lieu toujours si tout se bornait au processus d'impression, si, comme le pensait J. Muller, le cerveau se bornait à recevoir et à enregistrer les impressions rétiniennes. Mais l'acte de la vision comprend une
seconde opération qui est celle de la projection spéciale
à la vision binoculaire. Dans cette seconde opération, les
images doubles, projetées par des points rétiniens non
identiques, seront fusionnées, mais avec une localisation
différente de celle des points de l'arête médiane directement
fixée, localisation qui sera, d'après ce que nous avons établi, en arrière de cette arête et répondra précisément à la
position dans l'espace des arêtes latérales et du point considéré.

On voit, en somme, que dans le cas d'images rétiniennes
non identiques, objet de tant de discussions, le cerveau cor-
rige, par le processus de projection, l'erreur sensorielle qui
résulterait du seul processus d'impression. On comprend
alors que si l'on considère l'un ou l'autre processus indépendamment de l'autre, il sera impossible de s'entendre.
C'est ce qu'ont fait plus ou moins les partisans de la théorie
de l'identité et ceux de la théorie de la projection, et c'est
la principale cause de la grande confusion qui règne sur ce
sujet. On s'explique comment on a pu opposer l'une à l'autre
les deux théories et créer entre les faits un antagonisme
d'autant plus accusé, que l'on a donné à ces faits des for-

mules absolues comme celles de l'horoptère ou des sphères de projection de Nagel. Mais cet antagonisme est artificiel ; les contradictions sont dans les théories, elles ne sont pas dans les choses. Le fait physiologique de l'identité des rétines et le fait physiologique de la projection, loin d'être opposés, sont deux aspects différents d'une même fonction, deux propriétés du même appareil sensoriel de vision binoculaire.

Une dernière difficulté reste à résoudre. Pourquoi les images rétiniennes extériorées par des points non identiques sont-elles tantôt projetées séparément, donnant lieu à la diplopie physiologique, tantôt fusionnées en une image unique ? En voici l'explication.

Dans la doctrine évolutioniste, ce sont les excitations extérieures qui ont développé l'appareil de la vision, comme les autres appareils sensoriels. Les réactions qui caracté·risent nos appareils sensoriels sont en relations d'autant plus intimes avec les impressions ou excitations physiques qui les déterminent qu'elles ont été développées par elles, par une action longue et continue dans la série des êtres. Quand un appareil est le résultat d'une différenciation complexe, comme l'appareil visuel, il peut réagir différemment à des excitations différentes. C'est un principe qui me semble indiscutable et que nous aurons à invoquer dans une autre partie de ce travail. C'est ainsi qu'on peut expliquer le fusionnement ou le défaut de fusionnement des images rétiniennes extériorées par les mêmes points rétiniens non identiques.

Le fusionnement de ces images est essentiellement lié à la sensation du relief binoculaire, ainsi que nous l'avons vu. Pour qu'il se produise, il faut que l'excitation rétinienne sollicite cette sensation, c'est-à-dire détermine la réaction cérébrale qui produit cette sensation. C'est ce qui a lieu dans la vision naturelle d'un objet solide ou d'un paysage représentant des plans différents, mais c'est surtout dans la production artificielle du relief stéréoscopique que nous avons la démonstration d'une réaction cérébrale particulière provoquée par les excitations qui sollicitent la sensation du relief corporel. Cette réaction est essentiellement propre à l'appareil sensoriel de vision binoculaire.

On s'explique ainsi comment des excitations rétiniennes, en apparence semblables, produisent des réactions cérébrales différentes. Disposons trois épingles en forme de triangle, reproduisant la disposition des trois arêtes du prisme triangulaire que nous avons considéré. Si nous fixons l'épingle la plus rapprochée, les deux autres, en supposant une distance convenable, seront vues doubles, parce que, dans ces conditions, le cerveau ne reçoit pas l'excitation du relief corporel. Voilà pourquoi la réaction cérébrale est différente, bien que les épingles aient la même disposition géométrique que les arêtes du prisme et forment leurs images sur les mêmes points de la rétine.

Les connexions des rétines avec les centres visuels qui caractérisent la partie sensorielle de l'appareil de vision binoculaire, et se résument dans la propriété des points identiques des rétines et dans un mode spécial de projection des images visuelles, ne sont pas également répandues dans toute l'étendue de la rétine.

Les deux fovea qui servent dans chaque œil à la vision centrale, sur lesquelles se peignent les images binoculaires de l'objet fixé, constituent, on l'a dit souvent, les points identiques par excellence. Il est probable que pour les fovea l'identité est absolue, c'est-à-dire qu'un objet n'est vu simple que si les deux images impressionnent rigoureusement les points identiques de cette région, tandis que, dans les parties voisines, nous savons que l'identité offre une certaine élasticité et que deux images peuvent être fusionnées, alors même qu'elles ne se forment pas sur des points géométriquement identiques. L'identité absolue des fovea est probable, parce que l'élasticité qui est indispensable pour assurer la vision simple de certains points d'un objet, qui forment leur image rétinienne suivant des axes secondaires dans la vision indirecte, n'est plus nécessaire pour les points directement fixes correspondant à l'axe principal, puisque nous possédons la faculté de faire converger exactement les axes principaux sur le point fixé.

Il est donc vraisemblable que l'identité des rétines n'offre pas les mêmes caractères dans les fovea servant à la fixation centrale et dans les parties voisines. En second lieu, les connexions qui donnent lieu à la production des points identiques n'existent pas dans toute l'étendue de la rétine, et vont en s'affaiblissant à mesure que l'on s'éloigne de la fovea. Je renvoie sur cette question aux travaux de Volkmann, Mandelstamm et de Schœler. Ce dernier, dans un travail fait sous la direction de Helmholtz, trouve que l'on ne peut parler d'identité de la rétine que dans les limites suivantes, à partir de la fovea, du moins pour ses propres yeux :

En haut $6^{mm},20$ d'étendue rétinienne; en bas $3^{mm},10$ d'étendue rétinienne ; en dehors et en dedans $2^{mm},85$ d'étendue rétinienne.

Ces résultats ont été obtenus par la fusion stéréoscopique d'images très simples, à l'éclairage instantané.

Les connexions nerveuses qui servent de base anatomique à l'identité des rétines vont donc en diminuant de la fovea à la périphérie et ne sont pas également développées dans toutes les directions. On peut se représenter les fibres qui se rendent à la fovea comme formant l'axe autour duquel se développent ces connexions qui, sur la rétine, s'étendent plus ou moins loin suivant les méridiens et varient sans doute chez les individus, suivant que leur appareil de vision binoculaire est plus ou moins développé.

Enfin, dans les parties de la rétine où il peut être question d'identité, la faculté de fusionner des points non identiques n'est pas également développée. Ole Bull [1], appréciant cette faculté par la possibilité de fusionner un cercle avec des ellipsoïdes, trouve que, dans le méridien horizontal, deux points du champ visuel binoculaire peuvent encore être fusionnés avec une distance de 30 minutes, tandis que, dans le méridien vertical, le maximum d'écartement ne dépasse pas 20 minutes.

II. — La convergence partie motrice de l'appareil de vision binoculaire

Le fonctionnement de la vision binoculaire, tel que nous venons de le définir, c'est-à-dire ayant pour base l'identité des rétines, serait impossible sans la convergence. Ne considérons que les fovea qui, dans chaque rétine, constituent, ainsi que je l'ai dit, les points identiques par excellence. Lorsque nous fixons à l'infini, les axes optiques de chaque œil, partant de la fovea et passant par le centre optique, sont en parallélisme. Dans ces conditions, les images binoculaires d'un objet situé à l'infini viennent se peindre sur les deux fovea et sont fusionnées sans que la convergence

---

[1] OLE BULL. *Christiania Videnskanstelikabs ferhandlinger*, 1897.

intervienne. Mais à mesure que l'objet se rapproche, si les yeux conservent la même position, ses images vont se former en dehors des fovea sur des points non identiques et l'objet est vu double. La convergence, en dirigeant les axes sur l'objet fixé à mesure qu'il se rapproche, assure la formation de ses images sur les fovea, quelle que soit sa distance, jusqu'à la limite du punctum proximum de convergence. Ce qui est vrai pour la formation des images suivant les axes principaux, l'est également pour celles qui se forment suivant les axes secondaires, sous les réserves que nous avons faites.

La convergence est donc la propriété de l'appareil visuel de faire converger les axes oculaires sur l'objet fixé, quelle que soit la distance.

Ces considérations démontrent la relation qui unit la convergence au fonctionnement de la vision binoculaire et font prévoir l'existence de connexions unissant la partie sensorielle de l'appareil à la convergence, qui en représente la partie motrice.

Les mouvements associés de convergence ou de distance constituent une fonction à part. Ces mouvements s'exécutent par des influences distinctes de celles qui président aux mouvements associés de direction. Voyons quelles sont ces influences, quels sont les facteurs de la convergence.

Les mouvements de l'organisme ont deux origines, les impulsions volontaires et les impulsions réflexes. Il y aurait, pour les mouvements volontaires comme pour les mouvements réflexes, des subdivisions à établir. Je me bornerai à distinguer pour les mouvements réflexes l'action réflexe directe et l'action réflexe indirecte; j'entends par action réflexe indirecte le mouvement qui résulte d'une association musculaire, supposant, non pas l'existence d'un arc réflexe direct, mais une connexion entre le centre du mouvement considéré et un autre centre qui reçoit directement l'impulsion réflexe. C'est ainsi, par exemple, que se produit la contraction de l'iris dans la fixation rapprochée ; elle est, selon moi, le résultat d'une action indirecte du réflexe de convergence ou de celui de l'accommodation, ainsi que je l'ai exposé dans les conditions anatomiques.

Nous pouvons converger par un effort volontaire, loucher à volonté, mais cette convergence volontaire n'intervient pas dans l'exercice régulier de la fonction, nous pouvons la négliger. Nous aurons seulement à invoquer l'influence de la volonté pour une condition d'exercice de la convergence que nous étudierons plus loin.

La convergence s'exécute essentiellement sous l'action d'un réflexe particulier que j'ai qualifié de *réflexe rétinien de convergence*. L'existence de ce réflexe est facile à démontrer par une expérience bien simple que l'on pratique journellement, mais dont la signification a été faussée par la conception psychologique de la vision.

Fixez avec les deux yeux un point noir sur une feuille de papier blanc ; vous le voyez simple. Placez devant l'un des yeux un prisme de 8 à 10°, l'arête étant verticale, c'est-à-dire de manière que son action déviatrice se produise horizontalement, le point noir est vu double immédiatement, puis, après quelques instants, il est vu simple de nouveau.

On explique le fait, en langage psychologique, par le besoin de voir simple, par la tendance instinctive à la vision binoculaire, par l'attraction des images, etc. Physiologiquement, il s'explique ainsi : par son action déviatrice le prisme déplace sur la rétine l'image du point noir, de telle sorte que les images ne tombent plus sur les deux fovea et n'impressionnent plus des points identiques, d'où la diplopie. Mais cette excitation de deux points non identiques par les deux images d'un même objet détermine, par action réflexe, un mouvement de convergence ou de divergence, qui ramène les images sur des points identiques et fait voir l'objet simple de nouveau.

Il est d'ailleurs facile de démontrer que c'est seulement la convergence que l'on actionne de cette manière. Si, en effet, au lieu de donner à l'arête du prisme la position verticale, on lui donne la position horizontale, nous ne pouvons plus neutraliser la diplopie ou ne pouvons le faire que dans une mesure très restreinte. Ce n'est pas que j'identifie d'une manière absolue la convergence avec la faculté de modifier les axes dans le plan qui correspond à l'action des muscles droits internes et externes, mais, en fait, les choses sont ainsi parce que, grâce au concours des mouvements associés de direction, qui sont déterminés comme nous le verrons par un réflexe particulier, la convergence n'a pas à s'exercer dans le sens vertical, si ce n'est dans des limites très restreintes, pour amener la rencontre des axes sur l'objet fixé.

Pour que le réflexe rétinien de convergence se produise, deux conditions sont nécessaires. Il faut que l'excitation porte sur les deux rétines contrairement aux autres réflexes oculaires qui se produisent dans les deux yeux par l'excitation d'une seule rétine. Il faut, en second lieu, que l'appareil sensoriel de vision binoculaire fonctionne et soit en état de réagir, car nous verrons que l'excitation des deux rétines est impuissante à déterminer le réflexe, quand l'appareil sensoriel de vision binoculaire est altéré.

Ainsi se trouvent établis les rapports de la convergence avec l'appareil de vision binoculaire.

Le réflexe rétinien de convergence constitue le facteur

essentiel de la convergence, mais il n'est pas le seul.

Lorsque nous fixons à des distances de plus en plus rapprochées, deux actes musculaires interviennent pour la vision distincte : l'accommodation dont le but est d'obtenir sur la rétine une image nette de l'objet fixé, c'est-à-dire de le faire voir distinctement de chaque œil, et la convergence dont le but est de la faire voir simple avec les deux yeux.

La relation qui unit la convergence à l'accommodation est connue depuis longtemps en ophtalmologie ; elle est telle que, dans les conditions normales, nous ne pouvons accommoder sans converger, ni converger sans accommoder. L'effort accommodatif détermine un effort de convergence même lorsque nous fixons avec un seul œil.

L'accommodation constitue donc un nouveau facteur de la convergence. Il est moins essentiel, au point de vue physiologique, que le réflexe rétinien de convergence ; il agit d'ailleurs par un mécanisme tout différent. La relation qui unit la convergence à l'accommodation est le résultat d'une association musculaire. Comme toutes les associations musculaires elle offre une certaine élasticité et elle est susceptible de se modifier pour s'adapter aux besoins de la fonction. Cette relation se modifie, en effet, incessamment pour permettre la vision binoculaire, dans la presbytie, l'hypermétropie, la myopie, qui impliquent l'intervention de la convergence et de l'accommodation dans des proportions différentes.

Le réflexe rétinien de convergence et l'accommodation constituent les facteurs principaux de la convergence, mais la convergence peut s'exercer encore par d'autres influences.

Supprimons l'influence de l'accommodation par l'atropine ou par des verres convexes suffisamment forts et faisons fixer un objet en interposant un écran opaque ou un verre dépoli entre l'objet et l'un des yeux. Si l'individu jouit d'une vision normale, l'œil exclu de la vision par l'écran est cependant dirigé vers l'objet fixé. En d'autres termes, les deux yeux convergent sur l'objet fixé malgré l'absence d'accommodation, malgré l'absence du réflexe rétinien de convergence qui implique l'excitation des deux rétines par l'image de l'objet fixé.

Pour expliquer ce fait, on a admis un troisième facteur de la convergence que Hansen Grut appelle « sens de la distance », Alf. de Graefe « sens de la convergence ». Si nous voulons analyser ce qui se passe dans cette expérience, il faut d'abord remarquer que le mouvement de convergence suppose un premier centre d'association des muscles déterminant, dès qu'il est actionné, la contraction de tous les muscles qui participent à ce mouvement. C'est une association purement automatique qui existe pour tous les mouvements associés. Lorsque avec un œil nous fixons un objet situé dans une certaine direction en couvrant l'autre, l'œil couvert exécute invinciblement le même mouvement que celui qui fixe. Il ne viendra à personne l'idée d'invoquer un sens de la direction pour expliquer le mouvement de l'œil couvert. Donc, nous devons admettre que la convergence s'exécute d'une manière automatique lorsque ce centre inférieur d'association reçoit une impulsion. La question est de savoir comment se produit cette excitation du centre d'association, lorsque ses deux excitants ordinaires, le réflexe rétinien de convergence et l'accommodation, font défaut. Cette excitation est le résultat d'un processus mental un peu complexe, dans lequel la volonté et l'appréciation de la distance interviennent. On peut s'en rendre compte par l'expérience suivante, citée par Helmholtz. Si, les deux yeux étant fermés, nous fixons mentalement un objet que nous savons préalablement être à une certaine distance, lorsqu'on ouvre rapidement les yeux, il est vu simple, le plus souvent, ce qui indique que les deux yeux, quoique fermés, convergeaient sur lui, ou, tout au moins, très près de lui.

Nous pouvons donc nous représenter de la manière suivante le mécanisme de la convergence :

Il existe, comme pour tous les mouvements musculaires, un centre inférieur qui préside à l'association automatique des muscles qui participent à la convergence, dans lequel on peut admettre deux centres secondaires, ou, tout au moins, deux modalités fonctionnelles, pour la convergence et la divergence.

Ce centre peut être actionné :

1° Par les excitations rétiniennes de l'appareil de vision binoculaire, par un réflexe direct, *le réflexe rétinien de convergence ;*

2° Par l'*accommodation* et par une action réflexe indirecte, grâce à des connexions qui unissent les centres moteurs de la convergence et de l'accommodation, en vertu desquelles le réflexe d'accommodation actionne les deux centres, de même que le réflexe de convergence actionne également les deux centres ;

3° Par un processus complexe, dans lequel interviennent l'appréciation de la distance et la volonté ; processus que nous appelons, faute de mieux, *convergence consciente ;*

4° Par une impulsion purement volontaire, sans but fonctionnel.

Ces distinctions physiologiques sont confirmées par la

pathologie. Les troubles d'innervation limités au mouvement de convergence, sous forme de paralysie ou de contracture, que j'ai signalés en 1882[1] et qui, je crois, sont admis aujourd'hui par tout le monde, établissent l'indépendance fonctionnelle et anatomique de cette fonction.

Mais les faits pathologiques nous permettent de pousser plus loin l'analyse de la fonction de convergence, en nous montrant des exemples d'altération isolée ou simultanée de ses différents facteurs.

Le strabisme concomitant nous offre une première catégorie de faits. Je crois avoir établi que cette affection, dans laquelle on n'a voulu voir qu'une disproportion de longueur des muscles, est, en réalité, un vice de développement de l'appareil de vision binoculaire tout entier. La cause immédiate de la déviation réside dans un trouble de la partie motrice de cet appareil, dans un trouble de l'innervation de convergence. Les causes si variées du strabisme modifient la convergence par l'intermédiaire de ses deux facteurs principaux, le réflexe rétinien de convergence et l'accommodation. Je ne puis étudier ici dans ses détails la pathogénie si instructive du strabisme, je renvoie à mes publications sur ce sujet. Je me bornerai à citer deux faits parmi les plus connus.

Donders, étudiant le strabisme convergent des hypermétropes, admet que l'influence perturbatrice de l'accommodation est combattue par « la tendance instinctive à la vision binoculaire ». Cette tendance instinctive à la vision binoculaire n'est autre que le réflexe rétinien de convergence. C'est ce second régulateur de la convergence qui fait que tous les hypermétropes ne louchent pas,

---

[1] Paralysies des mouvements associés des yeux. *Archives de Neurologie*, 1882.

comme le voudrait la théorie de Donders. Pour que l'effort accommodatif exagéré des hypermétropes produise le strabisme, il faut qu'il soit secondé par d'autres causes, et ces autres causes sont celles qui altèrent le réflexe rétinien de convergence.

Le strabisme divergent, au début, nous offre un exemple contraire, c'est-à-dire l'altération du réflexe rétinien de convergence combattu par l'effort accommodatif. Chez la plupart des sujets, la déviation ne se produit que dans le regard vague ou la fixation à distance, parce que, dans ces conditions, l'accommodation étant relâchée, c'est le réflexe rétinien seul qui règle la position des axes. La déviation disparaît, au contraire, dès qu'on sollicite la fixation d'un objet, parce que l'influence de l'accommodation intervient.

Des faits encore plus caractéristiques sont fournis par certains états nerveux que les oculistes ont observés depuis longtemps en les rapportant faussement à une insuffisance des muscles. Il s'agit, en réalité, de troubles de l'innervation de la convergence, et ce sont les différentes modalités de ces troubles d'innervation qui sont instructives.

Dans les cas qui se présentent le plus ordinairement á l'observation, pour découvrir le trouble de la convergence, il faut, ou recouvrir alternativement chaque œil, ou mieux, comme l'a recommandé de Graefe, placer sur l'un des yeux un prisme à réfraction verticale. On produit ainsi la diplopie, et par la disposition croisée ou homonyme des images on se rend compte du trouble de la convergence, qui est modifié le plus souvent dans le sens de l'insuffisance pour la fixation rapprochée, mais qui l'est aussi quelquefois dans le sens de l'excès de convergence, pour la fixation à distance. Les cas les plus typiques sont ceux où l'on constate à la fois l'insuffisance de convergence pour la fixation rapprochée et l'excès de convergence pour la fixation à distance, accompagnés d'une modification de l'accommodation de même nature et dans le même sens, c'est-à-dire d'une accommodation insuffisante pour la fixation rapprochée et en excès pour la fixation à distance, produisant uue myopie spasmodique.

Ces faits nous fournissent un exemple d'*altération concomitante de la convergence et de son facteur accommodation.* Mais, chose remarquable, les malades atteints de ce trouble fonctionnel qui rend le travail oculaire très pénible et parfois impossible, n'accusent pas de diplopie ou ne l'éprouvent que d'une manière passagère. L'absence de diplopie spontanée tient à ce que la convergence continue à être actionnée par le réflexe rétinien de convergence ; le fusionnement s'opère tant bien que mal, malgré le trouble musculaire. Pour découvrir le trouble de la convergence, il faut placer sur l'un des yeux un prisme à réfraction verticale qui, en rendant la vision binoculaire impossible, supprime l'influence du réflexe rétinien.

Dans une autre catégorie de faits, qui représentent un étoplus avancé de la même affection, le réflexe rétinien est altéré en même temps que l'accommodation. On retrouve les mêmes caractères que précédemment, avec cette différence que la diplopie se produit spontanément, comme dans les paralysies ordinaires, par la seule application d'un verre coloré sur l'un des yeux. On observe chez certains malades une particularité curieuse, qui atteste l'abolition complète de la faculté cérébrale de fusionnement. La convergence se trouve immobilisée en état de contracture plus ou moins prononcée, faisant rencontrer les axes à la distance de 2 mètres, par exemple. En deçà de cette distance, la diplopie est croisée, au delà elle est homonyme. Or, malgré le peu d'écartement des images, et quelques précautions que l'on prenne, il est impossible d'amener leur fusionnement au point de rencontre des axes. Par une transition brusque, la diplopie croisée devient homonyme, ou inversement.

Ces nouveaux faits nous offrent un exemple d'*altération concomitante de la convergence et de ses deux facteurs, l'accommodation et le réflexe rétinien.*

Les faits pathologiques nous permettent de pousser encore plus loin l'analyse de la fonction de convergence. Les cas typiques de contracture de la convergence avec altération concomitante du réflexe rétinien et de l'accommodation offrent encore deux variétés. Si l'on sollicite la convergence en faisant fixer le doigt que l'on rapproche progressivement du sujet, on remarque que, chez certains sujets, le mouvement de convergence est nul ou s'exécute très imparfaitement, comme on devait s'y attendre. Chez d'autres sujets, au contraire, le mouvement s'exécute avec force, alors que la convergence fonctionnelle est nulle, avec incapacité de travail absolue.

Le caractère paradoxal de ces faits disparaît si nous nous souvenons que, dans l'état normal, la convergence s'exécute par d'autres influences que ses facteurs habituels, le réflexe rétinien et l'accommodation. Nous savons que la convergence peut s'exécuter par un effort volontaire, nous savons que par un processus cérébral complexe, nous pouvons converger sur un objet les yeux fermés, en nous représentant mentalement sa distance. Une particularité démontre que ce processus intervient dans les cas dont nous parlons. Il arrive, en effet, que le sujet qui ne converge pas quand on l'invite à fixer le doigt de l'observateur, converge quand on lui fait fixer son propre doigt qu'il rapproche progressivement. Puisque nous admettons que, dans ce processus, l'appréciation de la distance est l'opération préalable qui détermine un effort volontaire de convergence, il est probable que le sujet utilise le sens musculaire pour se rendre compte de la distance de son propre doigt.

Ainsi, l'analyse du fonctionnement normal de la convergence et celle des faits pathologiques conduisent aux mêmes conclusions.

L'une de ces conclusions, qui nous intéresse spécialement, est que la convergence est intimement liée au fonctionnement de l'appareil sensoriel de vision binoculaire, que le facteur principal de la convergence réside dans le réflexe rétinien de convergence. *La convergence fait partie intégrante de l'appareil de vision binoculaire dont elle représente la partie motrice.*

L'appareil de vision binoculaire, avons-nous dit, a pour but la localisation plus précise dans l'espace de la sensation visuelle. A cette localisation est liée la notion de la troisième dimension, la notion de la profondeur et de la distance.

Nous avons déjà vu, par l'analyse de la vision stéréoscopique, que l'appareil sensoriel possède, en lui-même, un élément d'appréciation de la troisième dimension, par la localisation différente dans l'espace des images visuelles binoculaires, suivant qu'elles se peignent sur des points rétiniens identiques ou non identiques. Mais le rôle principal revient à la convergence, dans l'appréciation de la distance des objets.

Reconnaissons d'abord que si la vision binoculaire constitue un moyen plus précis d'apprécier l'espace visuel, elle n'est pas le seul. Avec un œil nous jugeons assez exactement la distance et le relief des corps. Nous avons, comme élément d'appréciation, dans la vision monoculaire : pour la distance, le sens musculaire de l'accommodation, les images rétiniennes de grandeurs différentes suivant la distance, pour des personnages ou des objets dont la grandeur nous est connue ; pour le relief des corps, nous avons les effets d'ombre et les mouvements rapides de l'œil se portant sur différents points de l'objet, constituant une sorte de toucher oculaire.

Mais l'appréciation de la distance et du relief des corps n'atteint toute sa perfection que par la vision binoculaire.

Pour nous rendre compte du rôle de la vision binoculaire dans l'appréciation de la distance, regardons à travers un tube et sur un fond uniforme, deux fils tendus à des distances différentes de l'œil. Si la différence de distance n'est pas assez grande pour que l'accommodation puisse nous renseigner, en regardant avec un seul œil, il est impossible de dire avec sûreté quel est le fil le plus éloigné ou le plus rapproché, tandis qu'avec la vision binoculaire, cela devient très facile. Pour ce qui est du relief, regardez la matrice en creux d'une médaille ; avec les deux yeux, vous reconnaissez immédiatement que la figure est en creux. Si vous fermez un œil vous hésitez, vous la voyez quelquefois en relief ; en ouvrant de nouveau les deux yeux toute hésitation disparaît.

Dans la vision binoculaire, comme dans la vision monoculaire, l'appréciation de la distance et du relief ne résulte pas tout à fait du même mécanisme.

Les deux yeux ayant un certain écartement, lorsque nous fixons un objet binoculairement, les axes principaux des yeux forment un angle d'autant plus grand que l'objet fixé est à une distance plus petite. Nous avons vu que les mouvements de convergence ont pour but précis de modifier cet angle, suivant la distance, et nous avons, pour cela, proposé de les appeler mouvements associés de distance. Nous avons donc dans la convergence, fonction musculaire, actionnée par un réflexe rétinien spécial, un élément d'appréciation de la distance, fourni par le *sens musculaire*. Le rôle capital de la convergence dans l'appréciation de la distance est admis depuis longtemps et sans contestation ; nous n'avons donc pas à le discuter.

On a cru d'abord que c'était uniquement par la convergence et le sens musculaire que les deux yeux nous renseignaient sur la troisième dimension, mais en 1842 Dove avança que l'on obtenait la vision stéréoscopique à l'éclairage instantané de l'étincelle électrique, c'est-à-dire dans des conditions où l'appareil musculaire n'a pas le temps d'être actionné, ce qui excluait le rôle de la convergence. Le fait avancé par Dove fut contesté, entre autres par Recklinghausen et Donders, qui continuaient à soutenir qu'il n'y avait pas d'appréciation binoculaire de la troisième dimension, sans mouvement. Mais les contradicteurs de Dove ont fini par faire amende honorable. Nous venons de donner la démonstration du fait admis implicitement depuis l'expérience de Dove, savoir, que nous pouvons apprécier la troisième dimension et le relief des corps sans l'intervention d'aucun mouvement, grâce à la localisation différente dans l'espace des images visuelles binoculaires, suivant qu'elles se peignent sur des points rétiniens identiques ou non identiques, fonction qui appartient uniquement à l'appareil sensoriel.

Nous pouvons expliquer aussi les assertions contraires en ce qui concerne l'appréciation du relief stéréoscopique à l'éclairage instantané, si nous nous rappelons que la vision stéréoscopique nécessite une certaine adaptation de l'appareil visuel, qui, pas plus que la convergence, ne saurait être instantanée. C'est ce qui explique pourquoi, en général, la sensation de relief ne se produit pas à la première étincelle, mais après une suite de décharges (Recklinghausen, Donders), à moins que l'on ne prenne certaines précautions qui ont pour effet de déterminer préalablement cette adaptation.

Nous voyons que la convergence et l'appareil sensoriel ont un rôle distinct et un mécanisme différent dans l'appréciation de la troisième dimension. On peut dire que la convergence nous renseigne surtout sur la distance des corps et l'appareil sensoriel sur le relief des corps. Quant au concours mutuel que se prêtent ces deux fonctions particulières, il s'explique naturellement, puisque ce sont les fonctions de deux parties du même appareil de vision binoculaire, ainsi que nous venons de le démontrer.

CHAPITRE III

LA VISION SIMULTANÉE

Dans le précédent chapitre, nous avons défini l'appareil
de vision binoculaire, composé, comme tout appareil organique, en général, d'une partie sensorielle, représentée par
des connexions particulières des rétines avec les centres
visuels, d'une partie motrice, représentée par la convergence et de liens qui unissent la partie sensorielle et la partie motrice, se traduisant par le réflexe rétinien de convergence.

Ce qu'il faut établir maintenant, c'est que cet appareil de
vision binoculaire est développé sur un autre appareil de
vision avec les deux yeux, *l'appareil de vision simultanée*;
que les deux appareils, tout en étant intimement unis l'un
à l'autre, conservent cependant leur individualité fonctionnelle. Ils conservent aussi leur individualité pathologique,
ce qui est la meilleure preuve que les deux appareils ont
un substratum anatomique distinct.

Le strabisme va, à lui seul, nous fournir la démonstration de l'existence et de l'indépendance de ces deux appareils. Le strabisme dit *concomitant* est, en effet, caractérisé
par un vice de développement de l'appareil de vision binoculaire, respectant l'appareil de vision simultanée, ou ne
l'intéressant que d'une manière indirecte, par suite des mo-

difications secondaires que la déviation entraîne. Le vice de développement porte à la fois sur la partie motrice et la partie sensorielle de l'appareil, en altérant aussi, bien entendu, les connexions qui unissent l'une à l'autre.

La déviation oculaire, qui constitue le principal symptôme du strabisme, n'a pas sa cause dans un trouble musculaire, comme on l'a admis, mais dans un trouble de l'innervation de convergence. Si de Graefe et Giraud-Teulon ont soutenu qu'il n'y avait aucun trouble de l'innervation dans le strabisme, c'est qu'ils n'ont pas établi de distinction entre les mouvements associés de direction et les mouvements associés de convergence. L'innervation des mouvements associés de direction est en effet intacte, c'est l'innervation de convergence qui seule est altérée.

La déviation strabique, trouble d'innervation de la convergence par excès ou par défaut, consiste donc dans une *altération de la partie motrice de l'appareil de vision binoculaire*.

L'étude de la pathogénie de la déviation nous a en outre conduit à cette conclusion que, si l'on excepte les cas d'affections cérébrales de la première enfance, modifiant directement l'innervation de convergence, toutes les causes de strabisme retentissent sur la convergence par l'intermédiaire de ses deux facteurs habituels, le réflexe de convergence et l'accommodation. C'est une démonstration que je crois avoir faite dans mes études sur le strabisme et qui serait trop longue à reproduire ici. J'en ai d'ailleurs cité des exemples en étudiant la convergence dans le précédent chapitre.

Voyons maintenant si les troubles visuels du strabique s'expliquent aussi par l'altération de la partie sensorielle de l'appareil de vision binoculaire.

Le fait dominant de la vision du strabique est *l'absence de diplopie*, faisant contraste avec la diplopie qui accompagne les déviations paralytiques des yeux. On explique ce fait par l'abstraction ou la neutralisation psychique (de Graefe, Javal) ou encore par l'exclusion régionale de l'une des images (Ulrich). Ce sont des mots sans signification pour le physiologiste. Pourquoi, d'ailleurs, les malades atteints de strabisme paralytique n'ont-ils pas recours à l'abstraction psychique pour se débarrasser d'une diplopie fort gênante?

L'absence de diplopie tient à l'altération de la partie sensorielle de l'appareil de vision binoculaire, dont la propriété fondamentale est précisément, ainsi que nous l'avons dit, *la faculté de percevoir et d'extérioror en même temps les images binoculaires d'un même objet*, se traduisant par la diplopie, quand les images ne peuvent être fusionnées.

Pour bien s'en rendre compte, il ne faut pas seulement considérer la vision du strabique pendant la déviation, mais aussi et surtout après le redressement des yeux. Ulrich a distingué huit catégories de faits, relativement à la diplopie des strabiques. Ces huit catégories expriment autant de degrés d'altération de l'appareil sensoriel de vision binoculaire.

Une autre particularité qui a frappé les oculistes, c'est que la diplopie, quand elle existe après le redressement des yeux, est peu gênante et que le malade a peu de tendance à fusionner les doubles images.

On explique le fait, avec la conception psychologique de la vision, en disant qu'il y a absence de besoin de fusionner, suppression de la tendance instinctive à la vision binoculaire, horreur de la vision binoculaire, etc. A ces explications Javal en a récemment opposé une autre, « la répulsion des images ». Ce sont d'autres mots, mais ce sont toujours des mots.

Le peu de gêne que causent la diplopie et le défaut de tendance des malades à fusionner les doubles images, tient simplement à l'altération du réflexe rétinien de convergence, conséquence de l'altération de la partie sensorielle de l'appareil de vision binoculaire. L'étude des faits cliniques nous montre encore tous les degrés d'altération du réflexe rétinien, de même qu'elle nous montre la possibilité de le développer, par des exercices, quand cette altération n'est pas trop profonde et le sujet assez jeune.

Dans quelques cas très instructifs, ce n'est pas le simple défaut de développement de l'appareil sensoriel que l'on constate, mais un développement anormal de cet appareil. Si l'on place un prisme à réfraction verticale sur l'un des yeux et un verre coloré sur l'autre, certains strabiques accusent de la diplopie, mais, chose curieuse, les images sont sensiblement l'une au-dessous de l'autre, c'est-à-dire que malgré la déviation, elles se comportent comme si les yeux étaient droits. Redressons l'œil dévié par une opération, la diplopie persiste, mais avec fausse projection, comme si l'individu était atteint d'un strabisme paralytique. Le plus souvent, dans les cas de ce genre, la projection normale persiste aussi et l'individu projette tantôt d'une façon, tantôt de l'autre avec l'œil dévié, c'est-à-dire que, sans changement de la position des yeux, il accuse tantôt de la diplopie homonyme, tantôt de la diplopie croisée. Ces faits attestent l'existence de nouvelles connexions des rétines avec les centres visuels, tendant au développement d'un nouveau système de points identiques et à l'établissement de la vision binoculaire, malgré la position vicieuse de l'œil. On a dit qu'il y avait alors développement d'une fovea supplémentaire. C'est une mauvaise interprétation des faits ; tout se passe dans le cerveau, et la partie de la rétine qui est devenue point identique par rapport à la fovea du bon œil, n'a aucun des autres attributs de la fovea.

Le strabisme modifie donc non seulement la faculté de percevoir et d'extérioriser en même temps les impressions des deux rétines par un même objet, mais aussi le mode de projection des images servant à la vision binoculaire. Il modifie, en un mot, les deux propriétés que nous avons étudiées comme caractéristiques de l'appareil sensoriel de vision binoculaire.

Nous venons de voir, d'autre part, que la déviation strabique a sa cause dans un trouble de l'innervation de convergence, c'est-à-dire dans l'altération de la partie motrice de ce même appareil.

Nous savons enfin que l'altération du réflexe rétinien de convergence, traduisant l'altération des connexions qui unissent les parties sensorielle et motrice de l'appareil, est un symptôme fondamental de l'affection.

Le strabisme nous offre donc un exemple remarquable de l'altération de toutes les parties constituantes de l'appareil de vision binoculaire, en même temps que l'étude de sa pathogénie, de ses différentes modalités cliniques, nous fait comprendre le fonctionnement de cet appareil.

Examinons maintenant ce qui reste de l'appareil visuel quand l'appareil de vision binoculaire fait défaut, quand il n'a pu se développer en raison d'obstacles à la vision binoculaire existant dès l'enfance. La plupart des strabismes anciens réalisent ces conditions, mais la vision binoculaire peut être abolie sans strabisme ; c'est ce que l'on voit, par exemple, dans les forts degrés de myopie créant des conditions physiques incompatibles avec la vision binoculaire et empêchant, de la sorte, le développement de l'appareil nerveux de vision binoculaire.

Sur l'appareil moteur, malgré l'abolition de l'innervation de convergence qui est le terme où tend tout strabique, tout individu privé dès l'enfance de la vision binoculaire, les mouvements associés de direction sont conservés. L'amplitude de ces mouvements peut être réduite du fait de la rétraction des tissus périoculaires, conséquence de la position vicieuse de l'œil, mais leur innervation est normale et c'est là, ainsi que je viens de le dire, ce qui a conduit faussement les auteurs à exclure l'influence nerveuse dans la pathogénie du strabisme. Ce n'est pas seulement l'innervation de ces mouvements qui est normale, ce sont aussi les facteurs de ces mouvements, l'impulsion volontaire, le réflexe rétinien de direction qui sont intacts et assurent le jeu régulier de cette fonction.

Voilà donc un premier fait : la conservation et le fonctionnement normal des mouvements associés de direction, faisant contraste avec l'abolition des mouvements associés de convergence ou de distance.

Comment voit l'individu privé de la vision binoculaire ? Etant privé de la convergence, les images d'un même objet variant de distance ne se peignent pas en même temps sur la fovea de chaque œil. Il ne peut voir distinctement l'objet fixé qu'avec un seul œil à la fois. Cela est évident pour le strabisme, mais cela est également vrai quand la vision binoculaire est perdue sans strabisme. Examinons les cas les plus typiques, ceux de strabisme alternant, où l'individu jouissant d'une bonne acuité centrale fixe indifféremment avec l'un ou l'autre œil. L'œil dévié, l'œil qui ne fixe pas, n'est pas pour cela exclu de la vision, il perçoit tous les

objets contenus dans son champ visuel et il extériore normalement leurs images malgré sa position vicieuse. Pour
s'en assurer, il suffit d'isoler le champ visuel de cet œil
dévié à l'aide d'un écran médian et de l'explorer pendant
que l'individu fixe avec l'autre œil. Dans quelques cas de
strabisme invétéré, le champ visuel de l'œil dévié ainsi
exploré présente des altérations secondaires, mais dans le
plus grand nombre de cas, le champ est normal, l'individu
perçoit les objets contenus dans ce champ visuel en même
temps que ceux qui sont contenus dans le champ de
l'œil fixant. En outre, en lui recommandant de porter le
doigt rapidement sur l'objet considéré, on s'assure que l'œil
dévié extériore son image normalement, c'est-à-dire là où il
est réellement, et aussi exactement que l'œil fixant. Il faut
encore ajouter que les objets qui impressionnent la rétine
de cet œil, à l'exclusion de l'autre, déterminent, par action
réflexe, les mouvements associés de direction aussi exactement que ceux qui impressionnent la rétine de l'œil
fixant.

Voilà donc un second fait : l'individu privé de la vision
binoculaire jouit cependant d'une certaine vision avec les
deux yeux. L'œil dévié est exclu de la fixation centrale, mais
il n'est pas exclu de la vision générale. C'est ce que j'appelle
la *vision simultanée*.

La vision binoculaire ayant été jusqu'ici identifiée avec la
vision des deux yeux dans le champ visuel commun, notre
esprit admet difficilement une vision avec les deux yeux qui
ne soit pas la vision binoculaire, surtout avec les anciennes
idées sur la conduction nerveuse, basées sur la continuité
des fibres reliant les rétines aux centres visuels. C'est pour
cela que, dans ma démonstration, j'ai procédé par élimination, en montrant que, lorsque la vision binoculaire est

détruite, il reste cependant un mode de vision avec les deux yeux.

Cherchons à nous faire une idée un peu plus précise de ce mode de vision. Un exemple vaudra mieux qu'une description. Tenez vos deux mains de chaque côté de la tête de façon que la main droite soit vue seulement par l'œil droit, la main gauche par l'œil gauche, ce dont vous vous assurez en fermant successivement chaque œil. Lorsque les deux yeux sont ouverts, vous voyez en même temps les deux mains. Vous pourrez vous convaincre qu'il ne s'agit pas de la vision alternante dont nous aurons à parler, de la vision successive avec chaque œil, mais bien de la vision simultanée des deux mains. En les faisant mouvoir en sens inverse, vous avez très nettement la vision simultanée de deux mouvements différents. Ce mode de vision, qui est distinct de la vision alternante, est également différent de la vision binoculaire, dont il ne peut être question, puisque la vision des deux yeux s'exerce avec les deux parties indépendantes du champ visuel. Etendez par la pensée ce mode de vision à la partie commune du champ visuel et vous aurez une idée de la vision simultanée.

Pour comprendre comment les images binoculaires d'un objet situé dans le champ visuel commun, ne peuvent pas être extériorées à l'état de diplopie, il suffit d'admettre que les connexions qui président à ce mode de vision ne permettent pas la centralisation des deux images en un seul foyer cérébral. Pour fixer les idées, supposons que, dans ce mode de vision, chaque rétine soit en rapport croisé avec l'hémisphère opposé — ce qui, malgré la semi-décussation dans le chiasma, est peut-être la vérité — bien que les deux rétines soient impressionnées par le même objet, chacune cependant fonctionnera pour son propre compte. Il y aura vision simultanée de l'objet, mais non fusion des deux images rétiniennes de l'objet en une seule. Ce mode de fonctionnement des deux yeux peut être comparé à celui des deux oreilles impressionnées par un même son.

Si l'on dégage son esprit des idées reçues, la vision simultanée est, en somme, facile à comprendre. Mais une difficulté surgit si l'on considère la vision centrale. Considérons, à ce point de vue, un cas de strabisme alternant, que nous avons pris comme exemple de vision simultanée. Nous avons dit que l'œil non fixant n'est pas pour cela exclu de la vision, qu'il perçoit les objets contenus dans son champ visuel, et projette normalement les images de ces objets, malgré sa position vicieuse. Faisons regarder cet individu dans un stéréoscope ; si nous ne sollicitons pas la vision binoculaire, nous constatons encore les caractères de la vision simultanée, c'est-à-dire si pendant qu'il fixe un objet placé dans l'un des compartiments du stéréoscope, on promène un objet différent dans le compartiment de l'œil dévié, cet objet différent est vu comme dans l'exploration au périmètre. Sollicitons maintenant la vision binoculaire en plaçant dans chaque compartiment du stéréoscope deux images d'un même objet. Il peut arriver qu'il voie les deux objets comme précédemment, mais le plus souvent, l'un des objets disparaît, et il s'établit de l'alternance entre les deux yeux. Dans la vision ordinaire, cet individu étant dans l'impossibilité de fixer en même temps un objet avec les deux yeux et n'accusant cependant pas de diplopie, il est bien évident qu'il s'établit aussi de l'alternance pour la fixation centrale. Donc, en réalité, ce que nous appelons *vision simultanée* est une combinaison de vision simultanée pour les champs visuels et de vision alternante centrale. Nous comprendrons mieux comment s'établit cette combinaison quand nous aurons étudié la vision alternante. Nous nous bornons ici à la signaler.

Nous pouvons maintenant définir l'appareil de vision simultanée. Nous allons le faire en opposant sa définition à celle de l'appareil de vision binoculaire, en mettant en regard les propriétés différentes des trois parties constituant chaque appareil : partie sensorielle, partie motrice, connexions présidant aux réflexes.

Appareil de vision binoculaire.	**Appareil de vision simultanée.**
PARTIE SENSORIELLE	
Formée par des connexions particulières des rétines avec les centres visuels, développées autour de chaque fovea comme centre.	Formée par des connexions particulières des rétines avec les centres visuels, développées dans toute l'étendue de chaque rétine.
Propriétés : Distinction des impressions de chaque œil ; diplopie ; faculté de fusionner en une seule les images binoculaires d'un objet.	*Propriétés :* Perception simultanée des objets contenus dans chaque champ visuel, sans faculté de distinguer les impressions de chaque œil ; absence de diplopie et de fusion des images binoculaires d'un objet.
Projection particulière des images pour leur localisation dans l'espace, déterminée par la position relative des deux yeux, ayant pour conséquence l'existence de points rétiniens identiques des deux rétines.	Projection indépendante de la position des yeux ; absence de points rétiniens identiques.
Vision centrale conjuguée.	Vision centrale alternante.
PARTIE MOTRICE	
Mouvements associés de distance (convergence).	Mouvements associés de direction.
RÉFLEXES	
Réflexe rétinien de convergence, limité à la fovea et aux parties centrales, nécessitant l'excitation des deux rétines.	Réflexe rétinien de direction, développé sur toute l'étendue de la rétine, se produisant indifféremment par l'excitation d'une seule ou des deux rétines.

Nous avons étudié, dans le chapitre précédent, le double mécanisme par lequel l'appareil de vision binoculaire nous renseigne sur la troisième dimension. Nous savons, toutefois, que ce mécanisme perfectionné n'est pas indispensable, puisque l'individu qui n'a qu'un œil, avec une éducation cérébrale suffisante, arrive à juger assez exactement le relief et la distance des corps. Il doit donc s'établir, ici comme pour les autres modalités sensorielles, des suppléances, c'est-à-dire le développement de certaines facultés accessoires pour suppléer les facultés principales absentes.

Il y a lieu de se demander si l'individu privé de la vision binoculaire, comme le strabique par exemple, trouve dans la vision simultanée un élément d'appréciation de la troisième dimension distinct de ceux que fournit la vision monoculaire (effets d'ombre, accommodation, mouvements de l'œil). Je n'ai pas d'expérience personnelle sur la question, mais je trouve deux observations récentes, l'une de Greeff, l'autre de Simon, très significatives à cet égard et montrant que les strabiques, privés de la vision binoculaire, perçoivent beaucoup mieux la troisième dimension, dans l'épreuve de Hering, avec les deux yeux qu'avec un seul. On sait que l'épreuve de Hering consiste à faire fixer un fil à travers un tube et à juger si une bille d'ivoire tombe en avant ou en arrière du fil.

L'observation de Greeff [1] est relative à une jeune fille de quatorze ans, strabique, privée de la vision stéréoscopique et qui, à l'épreuve de Hering, ne se trompa que deux fois sur cent avec les deux yeux, tandis que, avec un seul œil, elle indiquait 50 p. 100 d'erreur.

L'observation de Simon [2] se rapporte à une jeune fille de

---

[1] GREEFF. *Klin. Monatsbl.*, novembre 1895.
[2] SIMON. *Centralbl. f. p. Augenh.*, juin 1896.

onze ans, non seulement privée de la vision stéréoscopique, mais chez laquelle il fut impossible de réveiller la diplopie par tous les moyens connus. A l'épreuve de Hering elle ne se trompa que une fois sur trente-quatre avec les deux yeux, tandis qu'avec un seul œil elle se trompa onze fois sur vingt-sept.

Je rappellerai encore les expériences de Van der Meulen et Van Doremale [1] dans lesquelles, après avoir supprimé la vision binoculaire en réduisant l'acuité dans un œil à l'aide d'un verre sphéro-cylindrique, ou mieux à l'aide d'un prisme à réfraction verticale rendant impossible le fonctionnement des points rétiniens identiques, on constata cependant que, dans l'épreuve de Hering, l'individu appréciait beaucoup mieux la troisième dimension avec les deux yeux qu'avec un seul.

Ces faits démontrent que la vision simultanée peut fournir un élément d'appréciation de la troisième dimension. Ils démontrent encore que l'on a tort de considérer l'épreuve de Hering comme un critérium de l'existence de la vision binoculaire et de confondre l'appréciation de la distance dans cette épreuve, avec la vision stéréoscopique, comme le font en particulier Van der Meulen et Van Doremale, dans le travail que je viens de citer.

Avant de terminer ce qui a trait à la vision simultanée, montrons, par un exemple, que sur des yeux normaux ce mode de vision peut se substituer, dans certaines conditions, à la vision binoculaire.

Visez au pistolet, les deux yeux étant ouverts. Vous croyez viser avec les deux yeux, il n'en est rien, vous ne

---

[1] VAN DER MEULEN et VAN DOREMALE. *Arch. für ophtal.*, vol. XIX, 2ᵉ p.

visez qu'avec un œil. Pour vous en assurer, fermez alternativement chaque œil ; vous verrez que le guidon et l'objet visé ne sont sur le prolongement de la même ligne que pour un seul œil, le droit généralement. Si vous fermez l'œil gauche, l'arme reste dirigée sur l'objet ; si, au contraire, vous fermez l'œil droit, le guidon se déplace fortement à droite et l'arme n'est plus dirigée sur l'objet.

Vous ne fixez donc qu'avec un œil. Cependant il est facile de vous assurer que l'œil qui ne fixe pas voit tous les objets contenus dans son champ visuel. C'est le mode de vision que nous venons de définir, caractérisé par la vision simultanée des champs visuels et la vision alternante centrale.

Nous donnerons plus loin l'explication physiologique de la substitution de la vision simultanée à la vision binoculaire, avec des yeux normaux.

CHAPITRE IV

LA VISION ALTERNANTE

Le plus habituellement, nous regardons avec les deux yeux, et les deux rétines actionnent en même temps le cerveau, qu'il s'agisse de vision binoculaire ou de vision simultanée. Cependant, il nous arrive de ne regarder qu'avec un œil. Quelles sont les connexions nerveuses qui président à la vision monoculaire ou alternante ?

Malgré la disposition anatomique qui met les deux moitiés de chaque rétine en rapport avec l'hémisphère cérébral correspondant, et, par conséquent, chaque rétine en rapport avec les deux hémisphères, lorsque nous fermons un œil, il est probable que la rétine excitée actionne seulement un seul hémisphère, qui doit être celui du côté opposé, d'après la loi générale qui préside à l'innervation des organes latéraux sensitifs ou moteurs. Bien des faits démontrent qu'il en est réellement ainsi.

Rappelons d'abord les faits expérimentaux et cliniques qui m'ont fait admettre autrefois, avec Charcot, que chaque rétine, par une voie quelconque, peut se mettre en rapport, dans sa totalité, avec l'hémisphère opposé.

Munck et d'autres expérimentateurs ont constaté, après l'ablation de la zone corticale d'un côté, une amblyopie ou amaurose croisée qui disparaît après un certain temps.

Tissot et Contejean ont constaté récemment le même fait (Société de biologie, 30 juin 1897) et admettent que les fibres non entre-croisées dans le chiasma, s'entre-croisent ailleurs.

L'amblyopie transitoire dite migraine ophtalmique, de siège sûrement cortical, et qui se manifeste chez le même individu tantôt sous forme hémiopique, tantôt sous forme d'amblyopie croisée, plaide en faveur d'une double connexion des rétines avec les hémisphères.

Charcot avait imaginé son schéma, pour expliquer les faits d'amblyopie ou d'amaurose monolatérale liée à l'hémianesthésie du même côté. Lorsque, dans l'hystérie, on voit cette amblyopie monolatérale se déplacer, dans le phénomène du transfert, en même temps que les autres symptômes de l'hémianesthésie, on ne peut se défendre de la pensée que cette amblyopie, comme l'hémianesthésie elle-même, soit le résultat d'une connexion croisée de la rétine avec l'hémisphère.

Voyons maintenant si les faits physiologiques concordent avec cette manière de voir :

« Lorsque après avoir fermé un œil, dit Helmholtz, on regarde une page d'impression, on voit les caractères et le papier blanc sans remarquer l'obscurité du champ visuel de l'œil fermé...

» Il en est de même lorsque, ayant ouvert l'œil qui était fermé, on tient tout près de lui une feuille de papier blanc, de manière que son champ visuel, qui était obscur auparavant, soit uniformément éclairé en blanc. Dans ce cas également, on voit sans modifications les caractères contenus dans l'autre champ. » (*Optique physiologique*, édition française, p. 965.)

J'emprunte encore à Helmholtz l'expérience suivante :

« Je regarde le ciel en tenant devant un œil un verre rouge
et devant l'autre un verre bleu ; j'incline les deux verres
par rapport aux lignes visuelles, de façon à voir dans chacun d'eux de faibles traces d'images réfléchies d'objets
situés latéralement, puis je déplace un peu tantôt l'un
tantôt l'autre, de manière à déplacer les images qu'ils réflé-
chissent. Si l'on fait attention à ces images mobiles, qui
peuvent du reste être très effacées et très peu lumineuses,
on voit aussitôt sur le ciel la couleur du verre correspondant. C'est un spectacle étrange que de voir aussi subitement, comme par un commandement, le ciel bleu devenir
tout à fait rouge ou le ciel rouge tout à fait bleu » (p. 976).

Helmholtz indique un dispositif instrumental pour faciliter cette expérience qui a été réalisée par plusieurs auteurs.
On peut se servir du stéréoscope, ou encore procéder sans
instrument de la manière suivante : si l'on regarde une
page d'impression les deux yeux ouverts, en plaçant un
verre rouge sur l'un des yeux, on voit se mélanger la
teinte rouge et blanche de chaque champ visuel ; mais si
l'on superpose deux ou trois verres rouges jusqu'à ce que les
lettres s'effacent, la teinte rouge du champ visuel disparaît
en même temps, bien que, dans la vison monoculaire, la
teinte rouge reste assez intense.

Ces expériences établissent que la *vision alternante peut
s'établir pour la totalité du champ visuel, non seulement lorsqu'on ferme alternativement chaque œil, mais encore quand
les deux yeux sont ouverts.*

Les expériences relatives à l'antagonisme des champs
visuels, qui ne sont en réalité que l'antagonisme des différents modes de vision que je décris, démontrent encore
que l'alternance peut s'établir pour certaines parties du
champ visuel seulement. Je renvoie sur cette question aux

expériences nombreuses sur l'antagonisme des champs visuels, relatées dans l'ouvrage de Helmholtz.

Il y a un mode de vision alternante qui nous intéresse particulièrement, c'est celui de la vision centrale, avec conservation de la vision simultanée des champs visuels. C'est celui que nous avons étudié dans le strabisme, et d'une manière générale, dans tous les cas de perte de la vision binoculaire ; c'est celui que nous avons vu se produire également, dans certaines conditions, avec des yeux normaux.

Cette combinaison de la vision simultanée des champs visuels, avec vision alternante centrale, suppoe évidemment que les fibres qui servent à la conduction des éléments maculaires de la rétine ont, avec les centres visuels, des connexions qui leur sont propres et indépendantes de celles du champ visuel. Je rappelle que cette indépendance a été, en effet, admise et repose sur un grand nombre de faits, anatomiques, cliniques et expérimentaux. Au point de vue qui nous occupe, je n'en connais pas de plus significatif que le suivant :

Un individu est atteint d'une amaurose hystérique monoculaire. Si on couvre l'œil sain, l'œil malade ne perçoit rien, pas même la lumière d'une lampe. Cependant, en faisant regarder l'individu dans un stéréoscope, on peut se convaincre que cet œil voit quand les deux yeux sont ouverts. Les esprits forts s'empresseront de dire que cet individu simule ; il n'en est rien, j'ai indiqué les expériences de contrôle qui permettent d'éliminer la simulation [1]. En étudiant ces faits, j'ai

---

[1] Ces faits que j'ai signalés le premier (*Thèse d'agrégation de Grenier sur les localisations cérébrales*, 1886.— *Amblyopies hystéro-traumatiques; considérations sur la vision binoculaire*, Société d'ophtalmologie de Paris, juin 1889) et qui ont été accueillis alors avec une certaine incrédulité, ont été confirmés depuis par Pitres, Ballet, Antonelli.

encore remarqué que le rétablissement de la vision ne porte que sur la vision centrale. Le champ visuel de cet œil reste rétréci jusqu'à 5 ou 6° dans la vision avec les deux yeux.

De ces observations et de quelques autres, j'ai conclu alors qu'il y a des connexions différentes pour la vision périphérique et centrale, et que pour la vision centrale, les connexions sont encore différentes pour la vision monoculaire et la vision binoculaire.

Rappelons encore ce fait, que les connexions nerveuses qui constituent l'appareil sensoriel de vision binoculaire, formant la base anatomique des points identiques, ont leur maximum de développement dans les parties centrales de la rétine et ne paraissent pas s'éloigner très loin de ce centre, d'après les expériences de Volkmann, Mandelstamm, Schœler.

On peut se représenter, ainsi que je l'ai dit, les fibres centrales comme formant l'axe autour duquel se développent ces connexions. Mais pour que ces connexions soient actionnées, pour que l'appareil de vision binoculaire entre en jeu, pour que le réflexe rétinien de convergence se produise, il faut, comme condition initiale, que les fibres centrales soient excitées en même temps et aillent centraliser leur action en un certain endroit, dans un même centre qui, comme par un contact électrique, réveille toutes les énergies nécessaires au fonctionnement de la vision binoculaire. Si cette excitation ne se produit pas, soit que l'appareil de vision binoculaire soit détérioré, soit qu'on le sollicite dans des conditions où il ne peut pas fonctionner régulièrement, l'alternance s'établit pour la vision centrale et l'appareil reste au repos. Voilà comment on peut concevoir la combinaison de la vision alternante centrale avec la vision simultanée des champs visuels, et comment on peut s'expliquer aussi la suppression momentanée de la vision binoculaire sur des yeux normaux, quand on rend impossible l'excitation nerveuse nécessaire à la mise en action de l'appareil.

CHAPITRE V

Connaissant les trois modalités fonctionnelles de l'appareil visuel, cherchons, dans une vue d'ensemble, à nous rendre compte de leur raison d'être, de leur rôle respectif.

Il semble, au premier abord, que tous les objets contenus dans notre champ visuel soient vus avec la même netteté, mais nous savons que ce n'est qu'une apparence. C'est grâce à la mobilité si remarquable de nos yeux que nous avons l'illusion d'une vision également nette avec les différentes parties de la rétine. En réalité, la vision distincte est limitée à une partie très restreinte de cette membrane, à la fossette centrale, qui n'a guère que trois ou quatre dixièmes de millimètre d'étendue. On peut s'en rendre compte en immobilisant le regard avec un seul œil sur une lettre située au milieu d'un mot ; cette lettre seule est vue très distinctement, les lettres voisines sont déjà un peu confuses. La première condition de la vision distincte d'un objet est donc la formation de son image sur la fovea, et ce résultat est obtenu grâce à la mobilité des yeux qui, à la manière d'une lunette dont le champ est très restreint, se braquent avec une rapidité merveilleuse sur cet objet.

Quelles sont les influences qui déterminent ces mouvements? C'est quelquefois la volonté, mais la volonté est ordinairement sollicitée elle-même par une impression de l'objet dans le champ visuel périphérique. Le plus habituellement, tout acte conscient est supprimé, tout se borne à un réflexe en vertu duquel l'impression périphérique de la rétine détermine la direction des yeux vers l'objet qui a produit cette impression. *C'est la mise en jeu du réflexe rétinien de direction et de l'appareil de vision simultanée.*

Pour remplir ce but, on comprend que les connexions nerveuses qui caractérisent la partie sensorielle de l'appareil de vision simultanée s'étendent à toute l'étendue de la rétine. La vision simultanée est surtout une fonction de la vision périphérique ; le réflexe de direction qui lui est propre est déterminé par l'impression d'objets situés plus ou moins périphériquement dans le champ visuel. Bien que le réflexe actionne les deux yeux en vertu des associations musculaires des mouvements, l'excitation d'une seule rétine suffit à le déterminer.

L'image de l'objet est ainsi amenée à se former sur la fovea, au moins sur l'un des yeux, et l'objet sera vu distinctement. Si l'individu est privé de la vision binoculaire tout se borne à cela. Etant privé de la vision binoculaire, il est privé de la convergence, par conséquent l'image de l'objet ne se formera pas sur la fovea des deux yeux, si ce n'est exceptionnellement. Par conséquent, il n'aura pas la vision centrale, c'est-à-dire distincte avec les deux yeux en même temps. Il se contentera de la vision centrale alternante et n'en sera pas autrement incommodé : c'est ainsi vraisemblablement que voient les animaux qui, ayant un champ visuel commun, ont la vision simultanée sans avoir la vision binoculaire, parce qu'ils n'ont pas la convergence.

Mais si l'individu jouit de la vision binoculaire, la vision normale avec les deux yeux comporte une seconde opéra-tion. Les images rétiniennes amenées à se peindre sur les fovea ou dans leur voisinage y déterminent un nouveau réflexe, *le réflexe rétinien de convergence et la mise en jeu de l'appareil de vision binoculaire.*

On comprend ainsi la localisation du réflexe rétinien de convergence dans les parties centrales des deux rétines. Il diffère encore du réflexe de direction parce qu'il implique l'excitation simultanée des deux rétines, l'excitation d'une seule rétine suffisant à déterminer le mouvement de direc-tion dans les deux yeux.

Au point de vue fonctionnel comme au point de vue évolutionniste, la vision binoculaire nous apparaît donc comme une fonction de perfectionnement destinée à don-ner à la sensation plus de précision, surtout en ce qui con-cerne sa localisation dans l'espace. Pour admirable que soit cette fonction, elle n'est pas indispensable puisque beau-coup d'individus en sont privés sans en être sérieusement incommodés, sans même s'en douter.

Pour comprendre la raison d'être des différents modes de vision, vision simultanée, vision binoculaire, vision alternante, il ne faut pas considérer les seules perceptions visuelles ; il faut considérer aussi que les excitations réti-niennes déterminent dans le cerveau une foule de réactions non conscientes, pour lesquelles l'œil ne fonctionne plus comme organe isolé mais associe son action à celle des autres sens, pour déterminer des actions réflexes dans la tête, les membres et le corps tout entier. C'est ainsi en particulier que l'on peut concevoir la raison d'être des con-nexions croisées qui président à la vision alternante.

Cherchons maintenant à donner l'explication physiolo-gique de certains phénomènes visuels qui se produisent dans des conditions particulières, quand on sollicite l'appareil visuel d'une manière plus ou moins anormale, comme dans certaines expériences que nous venons de citer, comme dans celles qui donnent lieu à ce qu'on appelle l'antagonisme des champs visuels.

Pour expliquer ces faits, il suffit d'admettre le principe suivant, que j'ai eu déjà à invoquer et qui est, je crois, indiscutable.

Les appareils organiques, comme les appareils mécaniques, ont besoin d'une impulsion pour entrer en activité. Cette impulsion peut venir de la volonté, mais le plus habituellement elle réside dans une excitation périphérique. Lorsqu'un appareil est différencié pour plusieurs modalités fonctionnelles, comme l'appareil de la vision, il peut réagir différemment à des modes d'excitation différents. Cette relation entre la modalité fonctionnelle et le mode d'excitation est d'autant plus intime que, suivant la doctrine évolutionniste, c'est l'influence persistante du mode d'excitation dans la série des êtres qui a déterminé la modalité fonctionnelle.

Examinons à ce point de vue ce qui se passe dans l'expérience que j'ai citée, où visant au pistolet avec les deux yeux, il y a substitution de la vision simultanée à la vision binoculaire. Dans ce cas, la vision binoculaire est supprimée, parce que nous la sollicitons dans des conditions où elle ne peut pas s'exercer. Si en effet nous fixons le guidon de l'arme, l'objet visé sera vu double; si c'est l'objet que nous fixons, le guidon sera vu double, en vertu de la propriété des points rétiniens identiques et non identiques.

On voit que l'on peut expliquer le résultat de cette expérience physiologiquement, sans qu'il soit nécessaire d'invoquer, comme on l'a fait pour le même mode de vision chez les strabiques, la neutralisation psychique, l'exclusion régionale, etc., etc., des mots qui n'expliquent rien.

Les faits où la vision alternante totale remplace la vision associée, les deux yeux étant ouverts, s'expliquent de la même manière. Nous avons vu que si l'on place un verre rouge sur un œil, un verre bleu sur l'autre, et que l'on regarde dans ces conditions une surface uniforme, comme un ciel sans nuages, il suffit d'impressionner l'une des rétines par l'image même très faible d'un objet pour déterminer la vision alternante, par suppression de l'excitation lumineuse diffuse de l'autre rétine.

Avec la doctrine psychologique de la vision, on explique le fait en invoquant l'attention, ou encore l'influence des contours. Je ne conteste pas un certain rôle aux impulsions volontaires dans la mise en activité de nos appareils sensoriels, mais le plus souvent cette impulsion s'exerce d'une manière indirecte, comme nous l'avons vu pour la convergence, où elle est provoquée par une impulsion périphérique.

Dans le cas présent, il me semble que c'est l'image rétinienne qui provoque l'attention, et l'impulsion volontaire ou subjective semble d'autant moins nécessaire pour produire de la vision alternante; que si, dans le cas cité, nous analysons ce qui se passe, grâce à l'emploi des verres colorés, il y en a d'autres où cette adaptation se produit sans que nous en ayons conscience.

Quant à l'influence des contours qui « repose essentiellement sur une habitude psychique », dit Helmholtz, c'est encore une de ces expressions qui ne peuvent satisfaire le physiologiste.

J'explique l'influence des contours et en particulier l'expérience en question, en disant, conformément au principe ci-dessus énoncé : notre appareil visuel est développé moins pour les sensations lumineuses diffuses que pour les perceptions des objets. Son excitant naturel et habituel est constitué par les images rétiniennes des objets. Lorsqu'une rétine ne reçoit qu'une excitation lumineuse diffuse, l'autre l'excitation d'une image rétinienne, le cerveau réagit comme si un seul œil était excité; l'appareil visuel s'adapte pour la vision alternante, comme si l'un des yeux était fermé.

Si l'on veut se donner la peine d'analyser toutes les expériences relatives à l'antagonisme ou lutte des champs visuels, longuement exposées dans le traité d'Helmholtz, on verra qu'elles s'expliquent physiologiquement en vertu du même principe. On verra que la condition nécessaire pour la production de cet antagonisme est la sollicitation de la vision binoculaire dans des conditions où elle ne peut pas s'exercer régulièrement, et que *l'antagonisme des champs visuels n'est autre que l'antagonisme des différents modes de vision* que je viens de définir.

Fusion binoculaire des couleurs. — Une autre question qui se rattache aux relations fonctionnelles des deux yeux est celle du mélange binoculaire des couleurs. Ce mélange donne-t-il la couleur résultante, comme dans le cas où les deux couleurs sont mélangées sur la même rétine? C'est un point sur lequel les observateurs ont émis des opinions complètement opposées, ainsi que le fait remarquer Helmholtz. Tandis que H. Meyer, Volkmann, Meissner, Funck et Helmholtz n'ont jamais vu la couleur résultante, Dove, Regnault, Brücke, Ludwig, Panum, Hering, et plus récemment Chauveau, déclarent qu'ils l'ont obtenue.

Il faut d'abord distinguer les conditions expérimentales où l'on sollicite la vision simultanée, ou la vision alternante, de celles où l'on sollicite la vision binoculaire.

Pour nous rendre compte de ce que l'on obtient avec la vision simultanée, plaçons devant chaque œil un verre de couleur différente en choisissant autant que cela est possible des verres ayant le même pouvoir absorbant et de même intensité de couleur, et regardons une surface uniforme blanche, ou encore le ciel sans nuage. Dans ces conditions on obtient évidemment un mélange des deux couleurs, mais c'est un mélange essentiellement instable. Pour peu que l'expérience se prolonge, on voit l'une des couleurs prédominer sur l'autre, il s'y joint des phénomènes de contraste binoculaire, et s'il y a dans l'un des champs visuels un objet quelconque qui sollicite la vision alternante la couleur de ce champ visuel est seule perçue. Ces conditions expérimentales, en effet, ne sont autres que celles de l'expérience d'Helmholtz que nous venons de citer et que nous avons invoquée pour montrer que l'alternance peut s'établir pour la totalité du champ visuel, quand les deux yeux sont ouverts.

Panum insiste pour que les couleurs à mélanger binoculairement ne soient ni trop vives ni trop différentes. On a donné comme particulièrement favorables les couleurs complémentaire de la lumière polarisée. J'ai expérimenté avec des couleurs semblables, projetées avec l'appareil de Biot sur le verre dépoli d'un stéréoscope clos dans lequel aucun objet ne sollicite la vision binoculaire ou la vision alternante. Le résultat est le même. On obtient évidemment un certain mélange qui neutralise les deux couleurs complémentaires et donne tout d'abord la sensation du blanc, mais ce mélange est essentiellement instable, et je ne tarde pas à voir prédominer l'une des couleurs, soit dans une partie, soit dans la totalité du champ visuel.

Nous pouvons donc conclure que l'appareil de vision

simultanée produit un certain mélange des couleurs qui impressionnent chaque rétine, mais que *ce mélange est instable* et ne saurait être assimilé au mélange des mêmes couleurs sur une seule rétine.

En sollicitant l'appareil de vision binoculaire, on peut obtenir au contraire un *mélange stable*. Il s'agit de savoir si ce mélange binoculaire est comparable au mélange opéré sur une même rétine.

Pour être certain que l'appareil de vision binoculaire est en jeu, le mieux est d'incorporer les couleurs à fusionner à des figures stéréoscopiques. Dans ces conditions, on peut voir encore l'alternance se produire pour les couleurs, si elles sont trop disparates de ton ou d'intensité, alors même que l'on perçoit le relief. Cela prouve qu'il y a une certaine indépendance entre le fusionnement binoculaire des formes et des couleurs. Si les couleurs sont convenablement choisies, on obtient facilement dans ces conditions un mélange stable des couleurs qui impressionnent chaque rétine, mais ce mélange est différent de celui qui est produit par la fusion sur une même rétine.

Un premier fait remarquable est le suivant : si après avoir maintenu le mélange binoculaire des deux couleurs pendant quelque temps, on projette successivement l'image consécutive de chaque œil sur une surface blanche, on remarque que cette image est complémentaire de la couleur qui a impressionné chaque rétine, comme s'il n'y avait pas eu de mélange. On pourrait invoquer ce fait comme preuve du siège rétinien de la fonction chromatique, mais il comporte une autre interprétation, ainsi que nous allons le voir.

Un second fait qui caractérise le mélange binoculaire de deux couleurs, c'est qu'il s'accompagne, ainsi que le fait remarquer Helmholtz, de ce reflet brillant que l'on a appelé *lustre stéréoscopique* et qui est particulièrement appréciable dans le mélange du blanc et du noir, lorsque par exemple on fusionne au stéréoscope deux figures d'un même objet, dont l'une est blanche, l'autre noire.

Cela nous amène à rechercher la raison physiologique du lustre stéréoscopique; nous préciserons du même coup les caractères du mélange binoculaire des couleurs.

Lorsqu'on fusionne au stéréoscope une figure blanche et une figure noire du même objet, on obtient dans la figure résultante un certain gris qui est manifestement différent de celui que l'on obtient par le mélange sur une même rétine de la même proportion de blanc et de noir, et le caractère le plus frappant de ce mélange binoculaire est le lustre stéréoscopique. On a comparé justement la sensation du lustre stéréoscopique obtenu par le mélange binoculaire du blanc et du noir à celle que donne le graphite poli. Or, si nous analysons la lumière renvoyée à l'œil par le graphite poli, nous remarquons qu'elle est composée du noir plus ou moins pur du carbone constituant la substance du graphite, et de lumière blanche ou composée, réfléchie par la surface polie, agissant comme miroir. Ces deux espèces de lumière arrivent à l'œil mélangées, mais non pas fusionnées de la même manière que si la même quantité de noir et de blanc était émise par un corps gris opaque. Quoique mélangés, le noir et le blanc émis ou réfléchis par le graphite conservent l'*individualité de leur action* physique et sensorielle. Si nous considérons que dans le fusionnement binoculaire, chaque impression rétinienne *conserve son individualité*, ainsi que cela ressort de l'analyse de la vision stéréoscopique, on ne peut s'empêcher d'établir un rapprochement entre l'analogie du processus physique et du processus physiologique, produisant, dans les deux cas, la même sensation.

Ainsi donc, en sollicitant l'appareil de vision binoculaire, on peut obtenir un mélange stable soit de deux couleurs, soit de noir et de blanc, mais ce mélange est différent de celui que l'on obtient avec les mêmes couleurs, avec la même proportion de noir et de blanc, sur une même rétine.

Nous trouvons dans l'analyse de ces faits une nouvelle preuve que, dans le fusionnement binoculaire, chaque image rétinienne conserve son individualité, qu'il s'agisse du fusionnement de la forme ou de la couleur.

Les faits que je viens d'étudier, et d'autres qui s'y rattachent, ont été l'objet de discussions célèbres entre les partisans des doctrines nativistes et empiristes, discussions auxquelles ont pris part Volkmann, Panum, Hering, Helmholtz, etc. Sans manquer de respect à ces savants, j'avoue ne pas bien comprendre la portée de ces discussions. Quand on aura décidé si une fonction est acquise ou innée, cela ne nous aura pas appris le mécanisme de cette fonction.

Au surplus, il faut reconnaître qu'à la lumière de la doctrine évolutioniste, ces discussions psychologiques perdent leur intérêt, et je n'en parlerais pas si, de nos jours, leur influence ne continuait à se faire sentir, si des auteurs écoutés ne continuaient à écrire, à la fin du XIXe siècle, que les phénomènes visuels ne peuvent pas s'expliquer par une disposition organique, même lorsqu'il s'agit d'une simple association musculaire, comme les relations qui unissent la convergence à l'accommodation.

Envisagées dans l'évolution de l'espèce, nos fonctions sensorielles et autres sont évidemment le résultat de l'exercice, de l'action incessante des influences physiques sur l'organisme vivant. Envisagées chez l'individu, ces fonctions sont à la fois innées et acquises. Fonction innée signifie que l'appareil organique de cette fonction est suffisamment développé au moment de la naissance, grâce à l'influence héréditaire; fonction acquise signifie que l'appareil organique, au moment de la naissance, n'a pas atteint son complet développement et qu'il conserve assez de souplesse pour se modifier dans des sens différents par l'exercice individuel. Des travaux récents ont montré qu'au moment de la naissance, le développement anatomique du cerveau de l'homme est inférieur à celui des animaux, ce qui répond à une infériorité fonctionnelle évidente dans la première enfance. Cette infériorité apparente est, en réalité, une des causes de la supériorité de l'homme sur les animaux ; c'est à cause du peu de développement anatomique du cerveau au moment de la naissance que l'homme est plus perfectible par l'exercice individuel, et qu'il peut développer ses facultés dans des sens différents.

Plus une fonction est solidement établie héréditairement, moins elle est susceptible de se modifier par l'exercice. Plus une fonction est de date récente dans l'ordre phylogénique, plus elle est susceptible de se développer par l'effort individuel, plus aussi elle est susceptible de s'altérer quand des obstacles à son fonctionnement existent dès l'enfance. C'est le cas de la vision binoculaire, dont l'appareil, ainsi que nous l'avons fait remarquer, est développé sur l'appareil de vision simultanée, plus fondamental, plus solidement établi héréditairement. C'est ce qui fait que l'appareil de vision binoculaire est plus susceptible de se perfectionner par l'exercice, dans l'ensemble comme dans les détails ; c'est ce qui fait aussi qu'il est plus susceptible de s'altérer, et de s'altérer indépendamment de l'appareil de vision simultanée.

ÉVREUX, IMPRIMERIE DE CHARLES HÉRISSEY